株式会社アクトは、
北海道帯広市に本社を置く、
農業施設専門メーカーです。

●帯広本社

●札幌支店

どのようなものをつくっているかというと、

「あるといいのに、どこにもなかったもの」。

寒冷地でも堆肥を発酵できる攪拌システム

牛のミルクを 98%以上浄化できる排水処理システム
（写真は浄化した水を使った水槽で泳ぐ金魚）

「こんなものがあったらいいな」を実現するために取得した特許の数は**31**（申請中を含めると**65**）にものぼります。

マイナス30℃でも凍らない車両消毒装置

牛がストレスを感じないセミモニター換気システム

なかでも、電解無塩型次亜塩素酸水である

「クリーン・リフレ」は、洗浄・除菌液として、

口蹄疫、鳥インフルエンザ、豚熱（豚コレラ）、

サルモネラ菌、ヨーネ菌、

マイコプラズマなど、

多くの疫病から畜産業を守ってきました。

クリーン・リフレが空間噴霧されている牧場。ある牧場では購入した牛にマイコプラズマが見つかったとき他の牛への感染を防いだ。

同時に、**インフルエンザや、ノロウイルスを不活化することが確認され、**
用途は、オフィスや家庭、医療機関など、大きく広がりました。

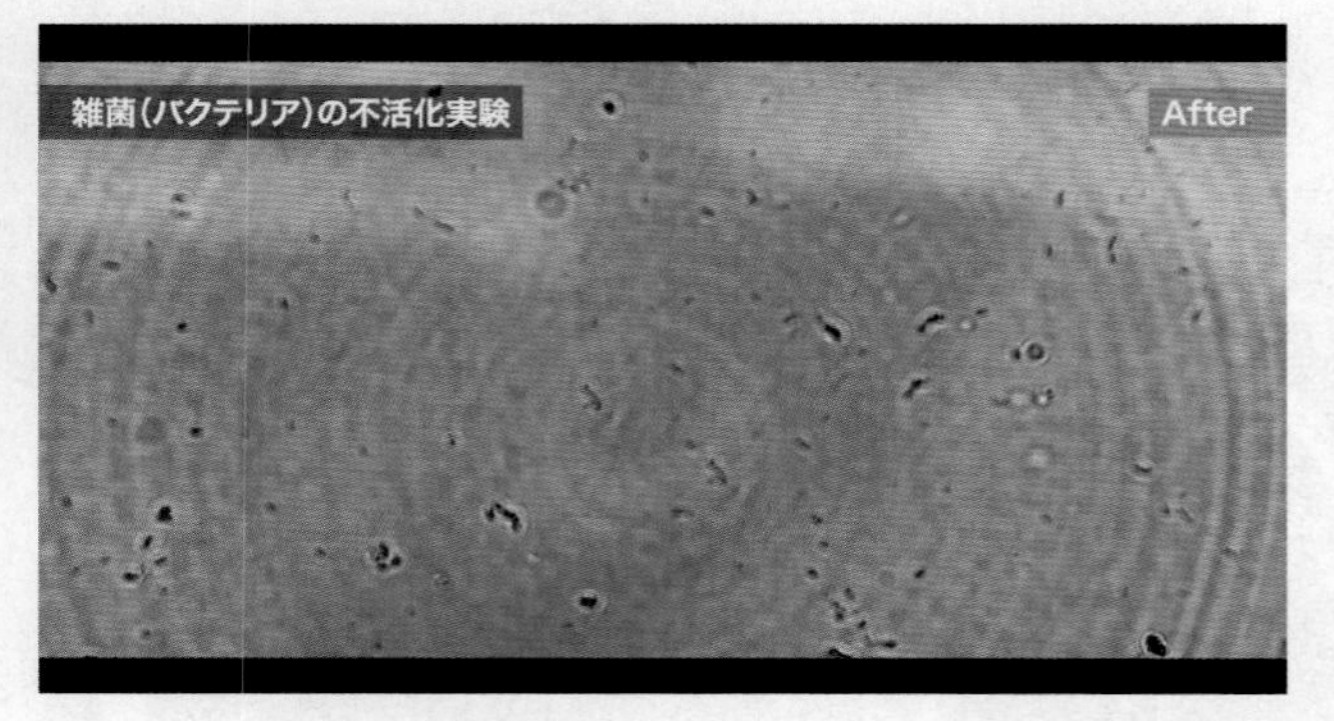

クリーン・リフレを投入すると瞬時に菌が活動停止、除菌されました。

［上］バクテリアが不活化する様子（左のＱＲコードから動画が見れます）。
［下］さまざまなウイルスに対しても効果を確認している。

分類	対象	効果
グラム陽性菌	黄色ブドウ球菌	◎
	MRSA	◎
	セレウス菌	○
	結核菌	○
グラム陰性菌	サルモネラ菌	◎
	腸炎ビブリオ菌	◎
	腸管出血性大腸菌	◎
	カンピロバクター菌	◎
	緑膿菌	◎
	その他のグラム陰性病原菌	◎
ウイルス	ノロウイルス	◎
	インフルエンザウイルス	◎
	ヘルペスウイルス	◎
真菌	カンジダ	◎
	黒カビ	○
	青カビ	○

分類	対象	効果
アクト試験済	トリコフィトン	○
	黒コウジカビ	○
	薬剤耐性菌	◎
	Ａ型インフルエンザウイルス	◎
	ヘパドナウイルス	◎
	ネコカルシウイルス	◎
	有芽胞菌（枯草菌）	○
	牛鼻炎Ｂウイルス（ＢＲＢＶ）	◎
	牛アデノウイルス７型（ＢＡｄＢｈ７）	◎
	リステリア菌	◎

分類	対象	効果
アクト試験済	豚熱（CSF）（旧 豚コレラ）	◎
	アフリカ豚熱（ASF）（旧 アフリカ豚コレラ）	◎
	ヨーネ菌	◎
	フラボバクテリウム	◎
	豚流行性下痢（ＰＥＤ）	◎
	口蹄疫ウイルス（ピコルナウイルス科アフトウイルス属）	◎
	N5N1 亜型高病原性鳥インフルエンザウイルス	◎
	N9N2 低病原性鳥インフルエンザウイルス	◎
	新型コロナウイルス（SARS-CoV2）	◎

※各論文より抜粋　※アクトの試験機関への依頼による試験結果　◎：10秒で効果　○：３～５分で効果　（◎）：試験中

さらには、**新型コロナウイルスも不活化効果を確認。**

不活化効果を確認した論文が国際誌に掲載されました。

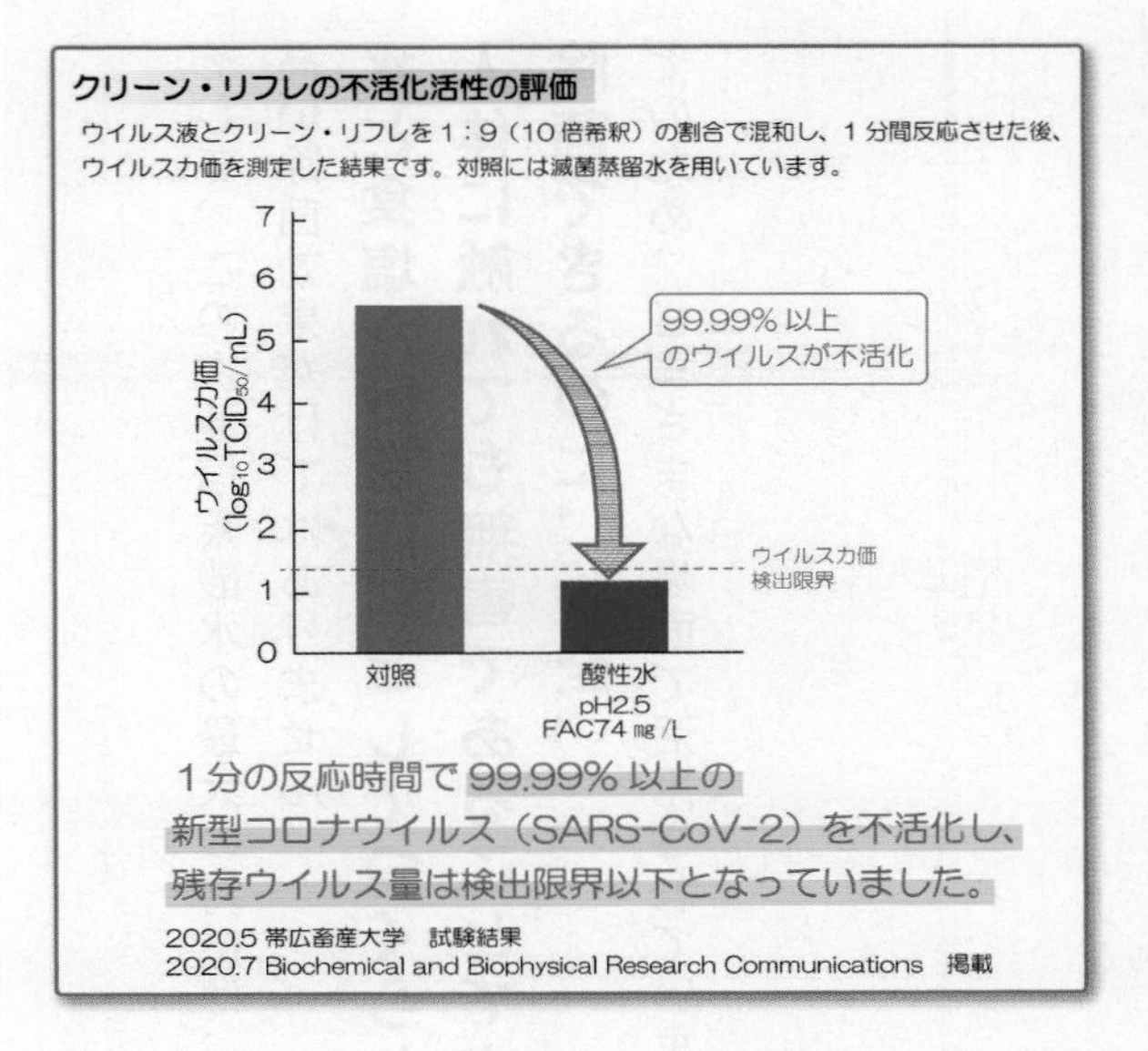

帯広畜産大学との共同研究が海外の雑誌に論文として掲載。

Biochemical and Biophysical Research Communications

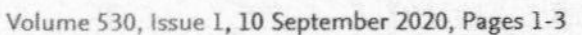

Volume 530, Issue 1, 10 September 2020, Pages 1-3

Acidic electrolyzed water potently inactivates SARS-CoV-2 depending on the amount of free available chlorine contacting with the virus

Yohei Takeda [a], Hiroshi Uchiumi [b], Sachiko Matsuda [c], Haruko Ogawa [c]

[a] Research Center for Global Agromedicine, Obihiro University of Agriculture and Veterinary Medicine, 2-11 Inada, Obihiro, Hokkaido, 080-8555, Japan

[b] ACT Corporation, 16 Chome 2-2, Odori, Obihiro, Hokkaido, 00-0010, Japan

[c] Department of Veterinary Medicine, Obihiro University of Agriculture and Veterinary Medicine, 2-11 Inada, Obihiro, Hokkaido, 080-8555, Japan

Received 8 July 2020, Accepted 8 July 2020, Available online 14 July 2020.

そして、この次亜塩素酸水の最大の特徴は、
高い除菌効果だけではありません。
水と食塩だけを原料としてつくられ、
人体に触れても無害であることです。
除菌できるのに、安全。
そのため、さまざまな場面で活用されています。

別記第1号様式

十保試第 6-23-1 号

水質試験（検査）結果書

依頼者　株式会社アクト　様
種　別　一般試験

平成25年12月16日 提出の試料について、試験（検査）の結果は次のとおりです。

採水年月日	平成25年12月16日　天候　前日：雪　当日：…………		
水道名	帯広市		
水源の名称（種別）	給水栓水	気温	…… ℃
採水地点	帯広市西21条南4丁目21番地5	水温	…… ℃
採水者名	………… （所属） …………		

	項目	検査結果	水質基準値
1	一般細菌	0 /mL	集落数100/mL以下であること。
2	大腸菌	不検出	検出されないこと。
3	硝酸態窒素及び亜硝酸態窒素	0.33 mg/L	10mg/L以下であること。
4	塩化物イオン	34.9 mg/L	200mg/L以下であること。
5	有機物等（全有機炭素（TOC）の量）	0.5 mg/L	3mg/L以下であること。
6	pH値	6.9	5.8以上8.6以下であること。
7	味	異常なし	異常でないこと。
8	臭気	異常なし	異常でないこと。
9	色度	<1 度	5度以下であること。
10	濁度	<0.1 度	2度以下であること。
11		…………	
12		…………	
13		…………	
14		…………	
15		…………	
16		…………	
17		…………	
18	残留塩素	………… mg/L	

判定	上記検査項目（11から18項目を除く。）については水質基準に適合する。
備考	水質基準は、水道法に基づく水質基準に関する省令に定められた水質基準を準用しています。
検査期間	平成25年12月16日 から 平成25年12月17日
検査責任者	試験検査課長　木村　[illegible]

平成25年12月25日　　北海道帯広保健所長　[illegible]

注：採水年月日、天候、水道名、水源の名称（種別）、採水地点、気温、水温及び採水者名は、水質試験（検査）依頼書に記載されたものを転記してます。

水質検査結果報告書

株式会社アクト　様

No. [illegible]
2020年1月28日

[illegible]

保健所や公的検査機関の水質検査などで pH5.8 ～ 8.6 に調整したものは
水道法の基準に合致するなど安全性が認められている。

さまざまな業界が
「クリーン・リフレ」を導入している

- ●農業
- ●畜産業
- ●教育機関（幼稚園・保育園・学校・学習塾・音楽教室）
- ●医療機関（病院・歯科医院・整骨院）
- ●介護・福祉施設
- ●食品業・食品加工業
- ●製造業
- ●飲食業
- ●サービス（宿泊施設・美容室・美容・スポーツ施設・ジム・遊技場）
- ●競馬場
- ●公共機関
- ●公共交通機関　など

飲食店

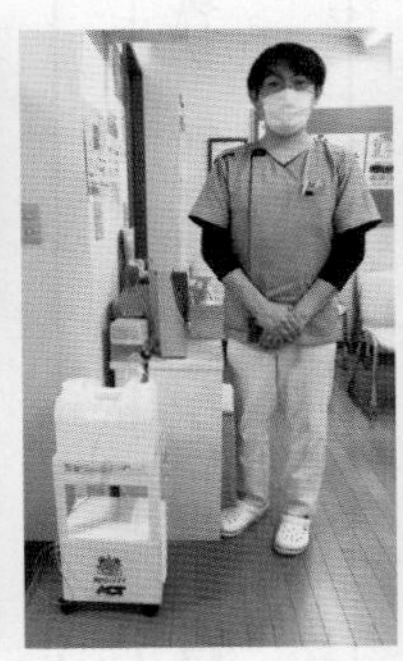
整骨院

食品工場

お客様の声をご紹介しましょう。

★医療機関（内科）――水を電気分解して生成された**「クリーン・リフレ」は安全性が確保され、抗ウイルス作用も科学的に検証済みです。**空気清浄機だけでは院内の空間のウイルスには対応できないと考えていたこともあり、導入しました。

★音楽教室――21の教室で空間除菌に使用しています。現状、**教室関係者から新型コロナウイルスの感染者は出ていません**。

★大手肉製品製造・食肉卸売業――車両の消毒装置を使っています。**さまざまな疫病から食肉を守り、効果を感じます**。

★大手鉄道会社――お客様の安全のために待合室で空間除菌をしていましたが、**駅長・駅員が利用する部屋でも行っています**。

★医療機関（歯科）――アルコールを機材の消毒に使うと機材が傷むことから、代替品を探していました。**プラスチック製品に対する攻撃性が低いこともメリットです**。

★中学校――インフルエンザで市内の他の学校で学級閉鎖や学校閉鎖が出ていたときにも、**私たちの学校は閉鎖することなく、授業を続けることができました**。

★ホテル――ノロウイルス、新型コロナウイルスに効く消毒薬を探していました。**エントランス、フロント、会議室などに配置したところ、お客様への安全と安心を確保できました**。

★包装材メーカー――**『風邪で休む人が減った』『靴の臭いが消えた』『インフルエンザが発症しても他の従業員に広まることがない』**などの効果があらわれています。もちろん、新型コロナウイルス感染者は出ていません。

★コンサルティング会社――アルコール除菌剤より安心して使えます。**内定者が新型コロナウイルスを発症しましたが、空間噴霧をしていたため、社員や他の内定者の誰にも感染しませんでした**。

除菌と安全（高い病原体不活化能力と人体の安全性）。

この矛盾するものを両立させようとは、通常は考えません。

「二兎を追う者は一兎をも得ず」

常識知らずだと笑われたこともあります。


でも、時間がたつと、**必ず評価される**。そこには、

「農業は命に関わる大切な仕事である」

という揺るぎない信念があるからです。

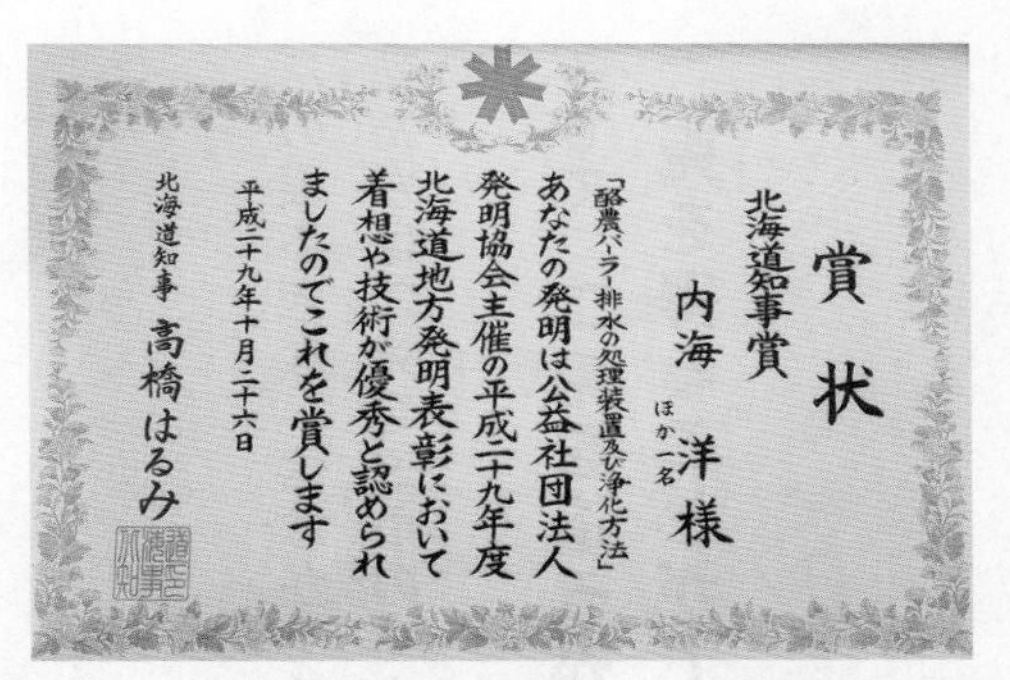

賞状

北海道知事賞

内海　洋　様　ほか一名

「酪農パーラー排水の処理装置及び浄化方法」

あなたの発明は公益社団法人
発明協会主催の平成二十九年度
北海道地方発明表彰において
着想や技術が優秀と認められ
ましたのでこれを賞します

平成二十九年十月二十六日

北海道知事　高橋はるみ

平成29年度・北海道地方発明表彰 北海道知事賞 受賞

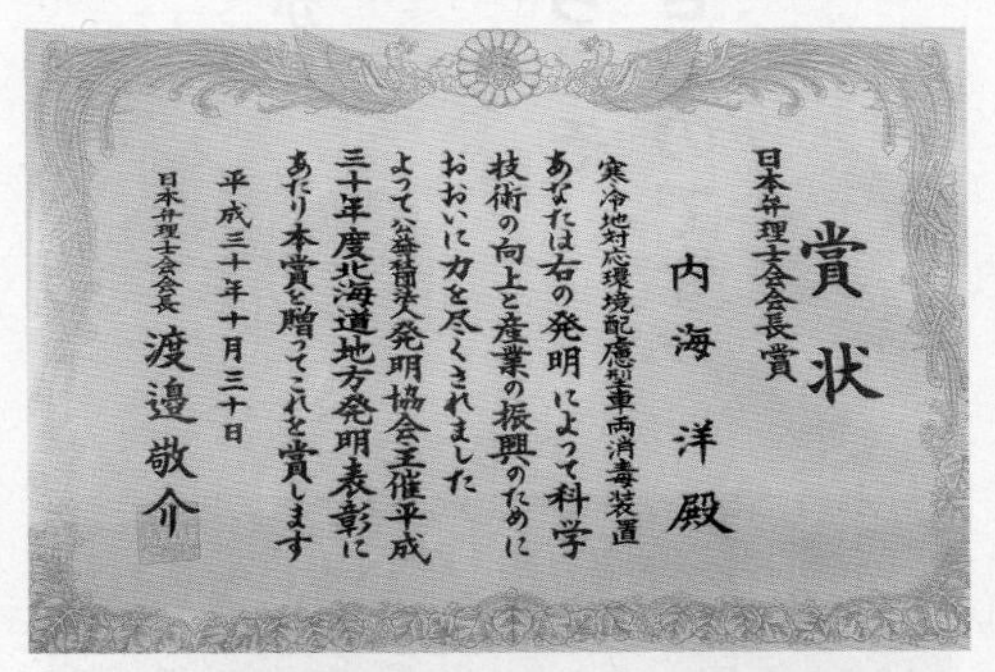

賞状

日本弁理士会会長賞

内海　洋　殿

寒冷地対応環境配慮型車両消毒装置

あなたは右の発明によって科学
技術の向上と産業の振興のために
おおいに力を尽くされました
よって公益社団法人発明協会主催平成
三十年度北海道地方発明表彰に
あたり本賞を贈ってこれを賞します

平成三十年十月三十日

日本弁理士会会長　渡邊敬介

平成30年度・北海道地方発明表彰 日本弁理士会会長賞 受賞

賞状

ものづくり地域貢献賞

内海　洋　殿

第七回ものづくり日本大賞において
あなたは北海道地域の産業の発展に
大きく貢献したものづくり人材として
認められたのでこれを賞します

平成三十年二月二十七日

経済産業省北海道経済産業局長

児嶋秀平

第７回ものづくり日本大賞ものづくり地域貢献賞 受賞（経済産業省）

さまざまな賞を受賞！

この揺るぎない信念があるから、
私たちは二兎を追うのです。
そして、**二兎を追うからこそ、**
二兎を得ることができるのです。

車内や飛行機内でも安全を確保

株式会社アクト
代表取締役社長

内海 洋

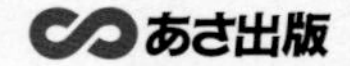

はじめに

従業員9名の小さな会社に、全国からの問い合わせが殺到した理由

私が代表を務める「株式会社アクト」（北海道帯広市）は、**「食の安全を支えるすべての技術を提供する」**を目標に掲げる「農業施設専門メーカー」です。牛舎を中心に、車両消毒装置、空間噴霧装置、排水処理施設、堆肥攪拌装置の設計、施工などを行っています。

私たちのお客様は、おもに農業従事者です。

ですが、2020年に発生した「ある出来事」をきっかけに、農業従事者以外の消費者（全国各地の公共施設、病院、薬局、介護施設、食品工場など）から、問い合わせが相次ぎました。

「ある出来事」とは、

「新型コロナウイルス感染症の拡大」

です。

新型コロナウイルスは2019年12月に中国・武漢で最初の感染例が報告されて以降、またたく間に全世界に広がりました。

2020年3月11日には、世界保健機関（WHO）によるパンデミック宣言がなされ、世界中に蔓延。現在も、公衆衛生上の重大な問題となっています。

新型コロナウイルスの感染拡大初期は、電話が鳴り止まない状態でした。

従業員わずか9名の中小企業に、いったい何が起きたのでしょうか。

農業施設の消毒のために独自開発した次亜塩素酸水**「クリーン・リフレ」**に**「新型コロナウイルスを不活化する働き」**があることが証明され、アルコールに代わる除菌水として注目されたのです。

不活化とは、微生物などの病原体を薬剤などで死滅させる（感染性を失わせる）ことを言います。

◎クリーン・リフレ

原料の水と食塩を電気分解して生成した**「電解無塩型次亜塩素酸水」**です。

次亜塩素酸水が多くの細菌やウイルスに対して高い不活化能力を持っていることは、多くの学術論文で報告されています。

電気分解によって生成された次亜塩素酸水は、通常の使い方では人の健康を損なう恐れがなく、厚生労働省が「食品添加物（殺菌料）」にも指定。飲みものではありませんが**「口に入っても、うがい液と同じで害はない除菌水」**がクリーン・リフレのコンセプトです（クリーン・リフレについては後述します）。

アクトがクリーン・リフレを開発したのは、2012年です。

当時から、

「黄色ブドウ球菌、ノロウイルス、インフルエンザウイルス、サルモネラ菌、腸炎ビブリオ菌など、多様な菌、ウイルスを不活化する」

ことがわかっていました。


「クリーン・リフレは、新型コロナウイルスにも効果が見込めるのではないか……」

新型コロナウイルスに対する不活化率を評価するため、帯広畜産大学との共同研究を実施。その結果、

「クリーン・リフレが短時間で新型コロナウイルスを不活化する」

ことが明らかになったのです。その有効性については、経済産業省所管の「製品評価技術基盤機構」(ナイト/NITE)も認めています。本研究成果をまとめた論文は、

新型コロナウイルスを短時間で不活化した クリーン・リフレ

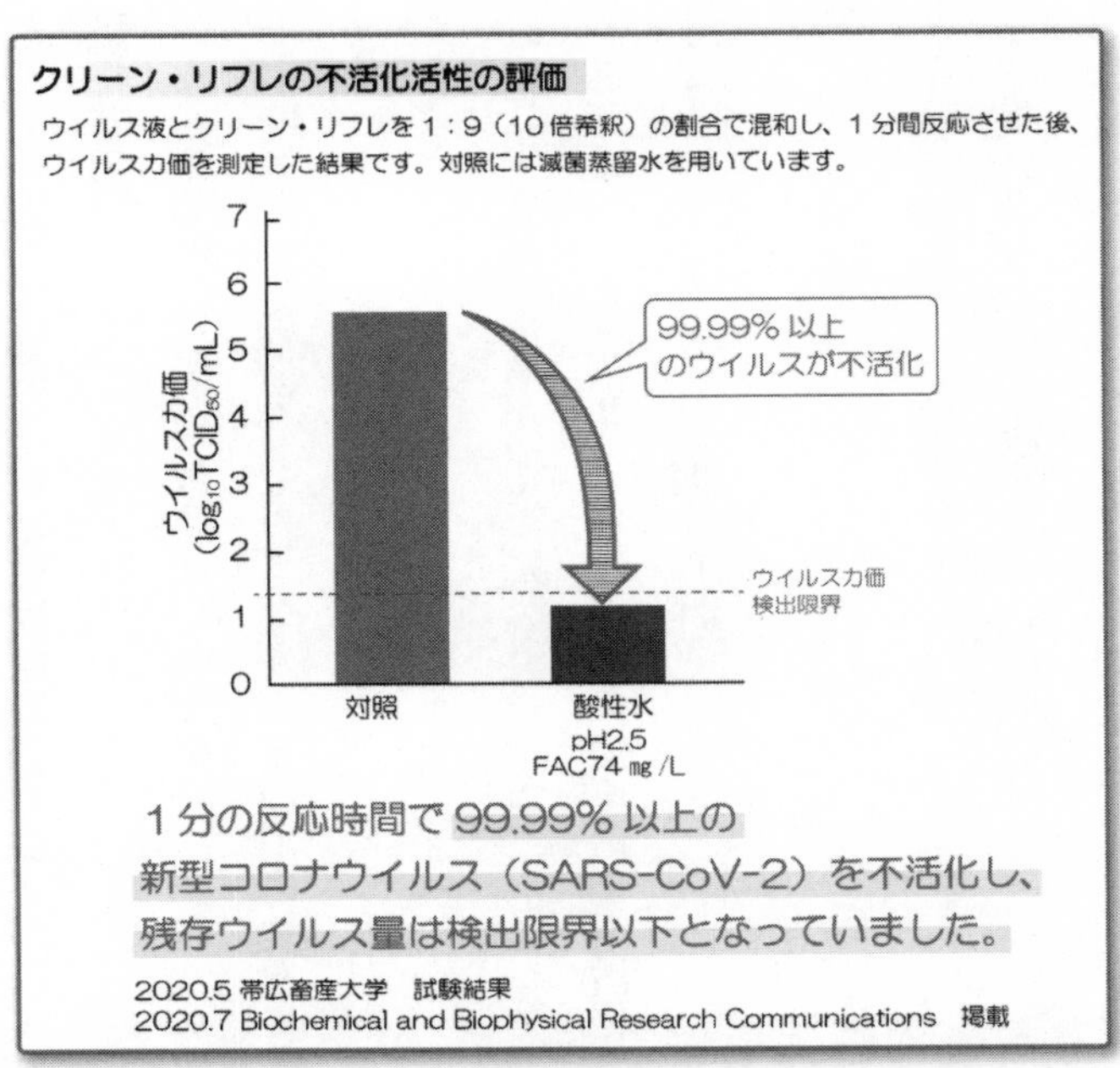

※アクトと共同研究を行った帯広畜産大学による研究報告より

「人体には害がなく、一方で、酸性電解水は新型コロナウイルス（SARS－CoV2）を強力に不活化する」


として、国際的な学術専門誌にも掲載されています。

クリーン・リフレをはじめて商品化したものが、車両消毒装置です。

農業施設メーカーであるアクトは、「家畜の伝染病予防」を目的とした車両消毒装置を提供しています。

しかし、「装置で使用する消毒液が環境に負荷を与えている」ことに疑問を感じ、「人にも環境にやさしく、それでいて、さまざまな病原菌を不活化する消毒液」を独自開発することにしました。周囲からは、

「できるわけがない」

「何をバカなことを」

「安全性と有効性は相反するもの。両立するわけがない」

「バカじゃないの」

という声も聞かれました。

しかし、徹底したリサーチと開発の結果、

「人、家畜、環境に対する安全性」

「ウイルスを不活化する有効性」

を両立する「次亜塩素酸水」に行き着いたのです。しかし、簡単にはいきませんでした。アクトの研究室で試験をしてみると、塩分によってサビるのです。これでは、車両消毒装置には使用できません。悩んだ末にできあがったのが電解無塩型次亜塩素酸水「クリーン・リフレ」です。

農業とは、命である

「世の中のニーズをとらえ、社会に貢献する」のが、1997年の創業以来、アクトの根本にある考えです。

アクトでは、クリーン・リフレ以外にも、「社会に貢献する」ための独自技術を開発しています。

たとえば、**アクトの浄化槽は、浄化槽業界ではできないのが常識とされていた「ミルクの浄化」**を可能にしました。

アクトの車両消毒装置は、マイナス30℃(マイナス50℃)の気温でも正常に消毒効果を発揮できるシステムです。

独自技術の開発には、お金も、時間も、人手も必要です。

お金もない、人もいない中小企業にとって、独自技術の研究開発は容易なことではありません。会社の倒産を引き起こすリスクもあります。

それでもアクトが研究開発を止めないのは、

「農業に貢献することは、人の命を守ること」
「農業の課題を解決することは、人の命を守ること」
「将来に投資しなければ未来はない」
「お金は後からついてくる」

と信じているからです。


「農業とは何か」を問うと、それは「食」です。

そして食は、「命」です。

「農業は人、命を守る高貴な仕事です。」

「世の中に役立つこと」を続けていれば、必ず扉は開かれる

北海道帯広市にある小さな会社が、数多くの特許を取得し（特許は申請中を含め65件）、国際的にも評価していただけるようになったのは、

「こんな商品があったら、きっと助かる人がいるはず」

「こんなものがあったらいいな」

「こんな技術があったら、農家の方々が喜ぶはず」

「農家の人を喜ばすことができれば、日本中、世界中の食を守れるはず」

という思いを持って、開発にあたっているからです。


私は、自他ともに認める異端児です。

業界の常識や慣習に縛られず、

「常に新基準、新しい価値を見い出す必要がある」

「お客様の変化に合わせて、自分たちも進化する必要がある」

「世の中は変わっていく。変わることを恐れてはならない」

と考えています。


「〇〇はできない」という常識は、私にとっては非常識です。

- **業界の常識＝ミルクの浄化はできない＝私の非常識**
- **業界の非常識＝ミルクの浄化はできる＝私の常識**

・業界の常識＝人や環境にやさしい除菌水はつくれない＝私の非常識
・業界の非常識＝人や環境にやさしい除菌水はつくれる＝私の常識

私は、

「教科書に書かれていることは絶対に正しい」

「専門家の言うことは絶対に正しい」

「業界の常識は絶対に正しい」

という思い込みを持たず、常に、自分の頭で考えるようにしています。


私が、常識の壁を突破して、「こうすれば、問題は解決する」という新しい答えにたどり着いたとしても、なかなか理解されないことがあります。

たとえば、車両消毒装置が、「平成27年度　公益社団法人　農林水産・食品産業技術振興協会会長賞」を受賞したのは、**開発開始から15年**も経ってからです。

「常識ではできない」

「できないのが当たり前」

と言われるほど、私は挑戦したくなります。

旧来的な価値観を持つ方々からは、「疎ましい存在」「うっとおしい存在」「和を乱す存在」に映ったこともあったはずです。


大学の研究者から、「専門的な研究をしていない人間に、何ができるのか」「大学も出ていない人間に、開発などできるものか」「博士号を持っていない人とは話さない」と蔑まれたこともあります。

同業他社から、「他のメーカーと足並みを揃えろ」と忠告を受けたことも、露骨な嫌がらせを受けたこともあります。

反社会的団体が、怒鳴り込んできたこともあります。

アクトを敵視するある団体から、放火されそうになったこともありました。

ですが私は、怯（ひる）まない。

私は元来、「ガンガン来られたら、ガンガン押し戻す」性格なので（笑）、周囲の声に流されることも、圧力に屈することも、開発の手を緩めることもありません。

私は、宗教家ではありませんが、四六時中、「世の中のために必要なこと」を考えている人には、見えない力が働くことがある気がします。

資金繰りに悩んでいるとき、アイデアに悩んでいるとき、偶然なのか必然なのか、その悩みを解決する手立てが、ふと、目の前にあらわれることがあります。

まじめに努力していれば、神様は力を貸してくれる。手を差し伸べてくれる。扉を開いてくれる。出会いを生んでくれる。

自分の利益のためではなく、
「世の中のため」
「社会のため」

「お客様のため」

に尽くすという強い思いを持って、休まず、手を抜かず、一所懸命に努力をする。

そうすれば、

「必ず、光明が見つかる」

「必ず、応援してくれる人があらわれる」

と私は信じています。


このコロナ禍の中で中小企業を取り巻く環境は非常に厳しいものです。ですが、

「世の中に貢献する」

という思いを持って、ハードワークを続ければ、必ず結果につながるはずです。

本書が中小企業経営のヒントとなれば、著者としてこれほどの喜びはありません。

株式会社アクト代表取締役社長　内海　洋

はじめに

第1章　食と命を守るため、「アクト」を設立する

第2章　農業を守るために挑戦し、常識を打ち破る

編集協力 藤吉豊（株式会社文道）

第1章

食と命を守るため、「アクト」を設立する

「これからは技術の時代」と見越して、工業高校の機械科に入学

私のモチベーションの原動力は、「劣等感」と「反骨精神」です。

学生時代に感じた、

「こうしたいけれど、できなかった」

「思い通りにならなかった」

という後悔、引け目、気おくれを、

「だったら、自分の長所で補おう」

「だったら、人がやらないことを成し遂げよう」

と、成長の意欲に変えてきた気がします。

私は、1958年7月18日、北海道寿都郡寿都町字樽岸町にて、生を享けました。父親は中学校教諭、母親は小学校教諭です。教育者の家庭だけあって、居間には児童用の文学全集や百科事典が置いてありました。

百科事典が身近にあったことで、私の世界は広がったように思います。

物心がついたころには、自動車や飛行機などの「機械」「工学」「技術」に興味を持つようになっていました。

幼少期から自分の手で何かを生み出すことが好きで、寝食を惜しんで戦車やクルマのプラモデルを組み立てたりしました。

中学時代には、「図面を自分で描いてみたい」と思うようになり、お小遣いを貯めて、東京の専門学校「中央工学院」の通信教育で図面を学びました。

その後、専門的に「機械」「工学」「技術」を学びたいと思い、中学卒業後は、工業高校（小樽工業高校）に進学しました。両親は普通高校に行かせたかったようですが、「これからは技術の時代になるから」と説得。親の反対を押し切って機械科を選びました。

高校の3年間で、機械工学、電気、電子、液体力学、構造力学の知識を幅広く身につけることができたと思います。

高校在学中は、バレー部に所属。小樽工業高校は、当時全国優勝をしていた東海大第四高校には勝てなかったものの、全道大会で準優勝するほどの強豪校です。

私はサーブが得意でしたが、それは「力学」を学んでいたから。そのころ、まだほとんどの人が取り組んでいなかった「ボールを打つ瞬間、手のどこにもっとも力が加わるか」「無回転にするには、ボールのどこに、どれだけの力を加えればいいか」を考えながら練習をした結果、他の選手よりも、質の高いサーブを打てるようになりました。

私のサーブは、途中でストンと落ちる無回転サーブです。無回転サーブは、横に揺れたり、縦に落ちたり、複雑な変化をするので、レシーブを崩すことができます。

東海大第四高校との練習試合では、「8本連続でサービスエース」を決めたこともありました。

経済的理由で大学進学を断念。高専へ入学する

高校1年のときに母親を胃がんで亡くしてからは（享年42歳）、「母の分まで頑張ろう」と思いを新たにし、より一層、勉強に打ち込むようになりました。

勉強にもスポーツにも勤しみ、高校3年時には、ありがたいことに、東京工業大学への推薦入学のお話をいただきました。

すぐに父親に相談しましたが、「東京の大学に行かせることはできない」と言われました。さらに当時、公務員の家庭は奨学金をもらうことができませんでした。結果、学費を支払うだけの経済的な余裕がなかったため、大学進学を断念せざるを得なかったのです。

意欲はある。けれど、お金はない。私は進学をあきらめ、就職に変更しました。「大学進学」を疑わなかった私にとって、まさかの方向転換でした。

就職先として、大手自動車メーカーの研究室からお声がけをいただいたものの、私は悩んだ末に、「内定を辞退する」選択をしました。

「研究室には、東大、京大、阪大といった有名大学の博士が集まっている」ことを知り、「高卒の自分には力不足、役不足である」と劣等感を覚えてしまったのです。

大学進学をあきらめた私に担任の先生がすすめてくれたのが、釧路工業高等専門学校（釧路高専）への編入でした。

高専とは高等専門学校の略で、実践的・創造的技術者を養成することを目的としています。釧路高専は、十勝・釧根地区としては唯一の工科系高等教育研究機関でした。

高専への入学は、「中学卒業後に入学して、5年間の一貫教育（本科）を経る」のが一般的です。

私は、高校卒業後に高専に入学したため、本科4年生に編入学しました。

「教育の質が高いこと」「大学と同様の研究施設を持つこと」のほかに、「学費が安いこと」が編入学の決め手になりました。

当時、釧路高専の学費は、半年で9600円（年間1万9200円）です。「1万9200円なら、親に頼らなくてもなんとかなる」。冬休みや、春休みは、スキー場での住み込みのスキーの指導員（ニセコヒラフやヤナバスキー場のプロスキースクールで用具はメーカーから支給）、夏休みは休むことなく北海製罐にお世話になり、普段の夏は土木建築のアルバイト、とくに試験中は毎日1～2教科ずつの試験だったので、試験が終わってから仮眠して、朝まで夜間の建築現場で雑用をこなし、朝帰ってきて試験を受けて、再び仮眠をとってまた仕事。先生の紹介で家庭教師もして、学費と生活費をまかないました。

高専は、本科卒業後に、「大学3年生」として編入学することが可能です。私も長岡技術科学大学（新潟県長岡市にある国立大学）への推薦をいただいたのですが、大学に行くことはありませんでした。高専よりも高い学費と寮費を独力で工面することができなかったからです。

経済的な理由で私は大学に行くことはできませんでしたが、「大学に行けなかった」という挫折感と劣等感が、のちに、私の反骨精神に変わったと思います。大学を出なくても、世の中の役に立てることを証明したい。そんな思いが強かったのです。

農業は、きつい、臭い、汚い仕事ではない。命につながる高貴な仕事である

高専を卒業後、農業機械を取り扱う小規模な会社に入社しました。ヤンマー農機の子会社である札幌ヤンマーです。

札幌ヤンマーを選んだのは、じつをいうと「農業に興味があったから」ではありません。

「少人数の会社のほうが、自分の力を発揮できるのでは」と考えたからです。

「トラクターが何か」さえ知らなかったのに、入社当初から、私は非常識でした。新入社員研修後、すぐに向かったのは、社長室です。

社長室のドアを叩き、新入社員の身分でありながら、当時の宇都宮正治社長に談判したのです。

「社長の経営方針は、間違っていると思います」

社長は、私の話を黙って聞き、生意気な私を非難することなく受け止め、「内海くん。君の言っていることは正しい。正しいけれど、今はできない。なぜなら……」と丁寧に説明をしてくださいました。

私が社長室を出ようとすると、「内海くんも一緒に来なさい」と昼食に誘われ、その席で、役員（経営幹部）を紹介していただきました。

私が配属されたのは、本社の推進部酪農課です。

酪農課は、搾乳施設（ミルクを搾る施設）や、バンクリーナー（牛舎から堆肥を搬出する機械）、サイロ（穀物を貯蔵する施設）、スラリーストア（牛舎の排せつ物を貯留し、管理する施設）の取り付け指導を担当する部署です。

私は、早朝から夜中まで、ひと一倍仕事に打ち込み、入社年には「新人賞」、翌年は「優秀社員賞」を受賞しました。

「突拍子もないことを言い出す、変わり者」「人の意見を聞かない不良社員」と冗談めかして呼ばれることもありましたが（笑）、結果を出していたため、公平に評価をしていただきました。


大学に行くことはかなわなかった。自動車メーカーの研究室で働くこともなかった。思い通りにならず、しかたなく進んだ先にあったのが、「農業」です。

それでも、仕事に全力で取り組む中で、

「どんな経験もムダにはならない。すべての経験が自分にとって必要なものである」

「与えられたステージで、持っている力を出し切ることが重要である」

ことに気づくことができました。

私は、酪農課の仕事を通して、

「農業は、きつい、臭い、汚い仕事ではない。**命を支える高貴な仕事である**」

と思うに至ったのです。

入社2年目には、自ら推進部のメンバーに声をかけて、独自の社内勉強会を実施したこともあります。

勉強会で私が、

「農家は、エネルギーを自給できる」

「農家は、ゼロエミッションを達成できる」（ゼロエミッション：人間の活動から発生する排出物をゼロにすること）

と持論を展開すると、先輩や同僚から「あいつは、バカじゃないか」と失笑されたこともあります。


ですが、私は「大まじめ」でした。

「農家は、エネルギーを自給できる」

「農家は、ゼロエミッションを達成できる」

という考えは、今日に至っても、私を支える根幹のひとつです。

営業は、誰でもできる。人見知りでも商品は売れる

「ひとつの会社で働き続ける」ほうが、自分には向いていると思っていました。ところが、ヤンマーでのキャリアは、思いのほか早く終わりを迎えます。

私が入社5年目のとき、会社の優秀なセールスパーソン10名が独立し、そこの社長として宇都宮さんが頼まれ、新会社（A社とします）を設立。私は、宇都宮社長に声をかけられ、A社に移ることになったのです。それを聞きつけたヤンマーの社長と専務が、私が中標津町に長期出張中のところへ飛行機で飛んできました。「何でも好きなことをやらせる」そう言われましたが、「もう決めてしまったので」とお断りしました。前の日に新会社に行くことを連絡してしまっていたのです。

新会社では、事務職での採用でしたが、後でわかったことですが、新会社の専務が「内海は営業ができるので連れてこい」と言われたそうです。

営業の経験はなかったので、「自分には向いていない」「技術は説明できても、セールスはできない」と思っていたのですが、提案を受け入れました。

「すべての経験が自分にとって必要なものである」

「与えられたステージで、持っている力を出し切る」

と決めた以上、断るわけにはいかないからです。

まず、セールスのハウツー本を8冊買い込み、営業の基本を詰め込みました。

はじめこそ、「今日はいい天気ですね」と挨拶をしたあとは無言になる有様(ありさま)でしたが、自分に合った営業手法を見つけてからは、営業成績は急上昇。

転職1年目は僅差の2位。2年目には、2位を大きく引き離し、1位の成績を残すことができたのです。

私は生来、人と話すのが苦手な人間です。そんな私でも売上を伸ばすことができたので、今では「営業」の仕事を次のように捉えています。

「営業は、誰でもできる」

営業に必要なのは、会話力以上に、「お客様の悩みを解決する」という姿勢です。私の営業スタイルは、他の営業社員とは違っていました。営業をする上で心がけていたのは、次の「3つ」です。

・自分できちんと理解するまで、売らない

会社から「この商品を売れ！」と号令がかかっても、商品の構造、特性、メリットを十分に把握していないうちは、動きませんでした。

商品を深く理解していなければ、「お客様の悩みを、どのように解決できるのか」を説明できないからです。セールスパーソンの仕事は「商品を売る」ことではなく、

「お客様の悩みを解決する」

ことです。

・自分から値段を言わない

私は、同僚や取引先から「値段を言わないセールスパーソン」として知られていました。「あの会社には変な営業マンがいる」「商品価格を言わない営業マンがいる」と評判になりました。

私は自分から、「これは、いくらです」と口にしたことはありません。私のセールストークの基本は、

「お客様にとって、今、何が必要か」
「この商品を使うメリットと、デメリットは何か」
「この商品が、どうしてお客様の課題を解決するのか」

を説明することです。

お客様が「それなら、今抱えている問題が解決しそうです。購入を検討します」とご納得いただいてから商談を進めるため、値引きされることもない。したがって、私

は他のセールスパーソンよりも、高い利益率を上げることができました。

私の営業手法は、母親譲りと言えるかもしれません。小学校教諭だった母は、父親の転勤を機に教諭を辞め、化粧品の販売員になりました（訪問販売のトップセールスでした）。

当時小学1年生だった私は、夜9時ごろまで母に連れられ、化粧品のセールスに回りました。

母親は、訪問先で化粧の実演をする際、

「お客様に納得していただく」

「商品の良さを知っていただく」

ことに注力していたように思います。母の口から「買ってください」という言葉を聞いたことはありません。

母も私も、「売る」のではなく、

「納得していただく」

「選んでいただく」

ことを大事にした。

その結果、トップクラスの実績を上げることができたのです。

・人の3倍も4倍もお客様訪問をする

私は、他のセールスパーソンよりも、数多く「飛び込み営業」をかけていました。

他の社員が「1日平均10~15件」だとすると、私はその倍以上（40件以上）、お客様訪問をしていました。

飛び込み営業のコツは、「長居をしない」ことです。

私にはコミュニケーション能力がなかったので、長居すると必ずボロが出ます（笑）。

滞在時間は、わずか30秒。

「こんにちは、今日は天気いいですね。何かありますか？　では、さようなら」

とお声がけするだけですから、怖くない。人見知りの私にもできます。商談につながらなくても、心が折れることはない。だから、同じお客様に何度も訪問できました。

新規の契約が取れるかどうかは、「訪問回数」で決まります。「こんにちは」「さようなら」の挨拶だけでもいいので、何回も訪問することが大切です。

建設業界に引けを取らない農業施設をつくる

その後も転職を経験しながら、農業機械の製造販売にとどまらず、「農業施設の建築」にまで、仕事の範囲を広げていきました。

その間、2級建築士、1級建築士、建築施工管理技士、土木施工管理技士、管工事施工、宅地建物取引主任者、浄化槽管理士、浄化設備士などの国家資格を取得しました。現在16の国家資格を持っています。

当時の農業施設は、今ほど管理が厳格ではなかったため、資格がなくても仕事をすることはできました。

実際、私が農業施設に携わるようになった当初は、建設業界は農業施設を低く見ていた気がします。公共工事が建設会社に多くの利益をもたらしていた時代だからでしょうが、「農業施設はレベルの低い会社がつくるもの」と思われていたようです。たしかに、家畜は文句を言いませんから、農業施設の設計・施工には粗悪なものが多かったと思います。

ですが私は、

「レベルが低いまま、基準が甘いままでは、食と命を守れない」

と危機意識を募らせていました。

「農業は、命に関わる大切な仕事である」と考えていた私にとって、**農業施設を低く見ることは、命を低く見ることと同じです**。

私が資格を取得したのは、建設業界に引けを取らない農業施設をつくるためでした。「安くある程度のものが建てられたらそれでいい」「農業施設は人間の住まいではないのだから、家畜は文句を言わないのだからそこそこでいい」とされていた世界で、自分の仕事に誇りを持つためにも、そしてお客様の悩みを解決するためにも、私はためらうことなく、資格取得のための勉強をはじめたのです。

「人の命を守る」ために、独立、起業を果たす

「農業に対するマイナスイメージを払拭したい」

「言葉を発しない牛や馬の施設だからこそ、きちんとしたものをつくりたい」

「高性能な農業施設を十勝から発信したい」

その思いを強くした私は、大きな決断をしました。


独立です。

「既存の商品だけでは、お客様の悩みを解決することも、農業のステイタスを高めることも難しい。今ある商品で不十分なら、新しい商品を開発するしかない」

その一心で、1997年に「株式会社アクト」を設立しました。
人々が健康に生きるための農業のあり方を「農業建設（施設）」という仕事を通して実現していく。それがアクトです。

アクトの経営理念は、次の「5つ」です。

1「すべてはお客様のために」
・お客様の気持ちを考えること
・お客様の困っていることを考えること
・お客様に何が必要かを考えること

会社を退職し、お世話になったお客様へご挨拶にうかがったとき、ある方が、「今年、ハウスを建てようと思っているから、内海さんにお願いするよ。独立したばかりでお金もないだろうから、前金で振り込んでおくよ」とおっしゃってくださいました。

このとき、私の心に湧き上がった

「お客様はこんなに良いものか。こんなにもやさしいのか。本当にありがたい」

という感謝が経営理念につながっています。

アクトの事業活動の「すべて」は、お客様を守るため、お客様の利益を守るためにあります。それはすなわち、食と命を守ることです。

「使い勝手が悪い施設を我慢して使い、なんとか利益を生む」のではなく、「使い勝手が良く、自然と利益を生む施設」を増やしていく。**手元にある商品（施設）で、お客様を守ることができないのなら、つくればいい。**

ある農家のために堆肥拡散装置を開発した結果、寝わらの処分にかかるコストが5分の1に抑えられるようになったこともあります（年間5500万円→1000万円。設置コストも導入後に回収できる）。

お客様のために開発した商品がお客様を裏切ることはない。私はそう確信しています。

2「アクト（act）は行動する会社」

・頭を抑えられることなく、のびのびと行動する
・よく考え常に意見を持ち、正しいと思うことは言及する

私は会社員時代から、社長にさえ忖度(そんたく)なしに、「こう思う」と自説を唱えてきました。そして自ら実践、実行、行動してきました。

同僚や先輩から「目障りだ」と思われたことも、煙たがられたこともあります。先輩たちには、「不良社員」と呼ばれていました。

それでも私は、

「〝出る杭は打たれる〟ならばもっと出よ。叩かれれば叩かれるほど、輝く杭となれ」と信じて、「正しいと思うこと」に邁進(まいしん)しました。

行動こそが真実であり、行動こそが現実であり、行動こそが価値を生み出します。

3「不義理をしない」

人間はひとりでは生きていけません。仕事はひとりではできません。ひとりでできる仕事には限界があります。農業を守るためには、多くの人との協業が不可欠です。

同僚、上司、取引先、お客様との絆を築くためにもっとも大切なのは、**「自ら決して、不義理をしない」**ことです。

4「全従業員の物心両面の幸福を追求するとともに、衣・食・住および環境問題を通して人類社会に貢献する」

全従業員が、「アクト」に対して、

「立派な経営をして利益を上げている」

「待遇も決して他社に引けをとっていない」

という誇りを持てるように、そして、会社に信頼を寄せられるように努めます。

「アクトなら安心して働くことができる」

「アクトに勤務してよかった」

と、**全従業員が感謝と喜びを感じることのできる会社**であり続けます。

5「人生・仕事の結果＝考え方×熱意×能力」

人生や仕事で結果を残すには、**ものごとを「プラス」に考える**ことが大切です。

いくら熱意があっても、どれほど能力が高くても、「考え方がマイナス」では、「良い仕事」をすることも、「良い人生」を歩むことも難しい。

一方、「考え方」がしっかりしていて、

「農業を守ることは、命を守ること」

「お客様の悩みを解決するために尽くすこと」

という思いを持って行動を続けていれば、熱意も能力も次第に高くなって、大きな成果を得ることが可能です。

「自然の原理」に則った農業施設をつくる

アクトは、牛舎、搾乳施設、堆肥舎、浄化槽、太陽光発電施設、排水処理施設、消毒施設などを建設する農業施設専門メーカーです。

農業施設は、経営者の作業効率を上げると同時に、**「家畜が健康に成長できる環境」**であることが求められています。

病気や事故が発生しない畜舎で育てられた家畜は、肉質が良いため、利益の向上にも直結します。

独立後、牛舎を設計、施工することになった私は、

「家畜の健康と経営効率を両立するには、従来とは異なる新しい発想が必要である」

と考えました。

見本となる文献や施設がなかったため、自分の目で見て、自分の頭で考えるしかありません。


「家畜にとっても、人間にとっても快適な環境を整えるにはどうしたらいいのか……」。

「これまでの牛舎の欠点は何か。どうすれば、その欠点を補うことができるのか……」。


その答えを見つけるため、何日間も牛舎で過ごし、牛の生態をひたすら観察したこともありました。牛舎に必要なのは、**換気と採光**である。このことに気づき換気と採光を解決するセミモニターを開発しましたが、公的な機関の勉強会の牛舎設計指導の教科書では、そのシステムには、大きな×が付けられていました。

しかし、ある農業指導員が、アクトで建てた牛舎を計測すると、換気量、採光に関して他社の設計した牛舎とはまったく異なり、非常に優れていることがわかりました。それ以降、牛舎設計に関して、アクトの設計を真似る業者が急増し、このセミモニターは、現在常識となっています。

あまりにも真似られたので、さらに換気の調整をしやすいものとして、特許を取得しています。

私がもうひとつ着目したのは、**「菌、ウイルス」**です。

牧場の中には「菌」がいます。

「牧場の中の菌体を安定させることができれば、作業のやり方を変えなくても、牛舎内の環境は改善するのではないか」

それが私の出した答えです。

健康な人間の腸内では、善玉菌が悪玉菌の増殖を抑え、悪玉菌がつくり出す有害物質を体の外に排出してくれます。

私は「牛舎も同じ」だと考え、「良い菌が増えると、悪い菌が生きられなくなる」という自然の原理を利用したのです。

既存業者からは、「そんなやり方は非常識だ」「聞いたことも、見たこともない」「うまくいくはずがない」と批判されたこともあります。

ですが、周囲の批判を一蹴。熱力学や流体力学などの機械工学を応用したアクトのシステムは、人にも家畜にも快適な環境を実現しました。

アクトのシステム環境は、

- **効率良く換気が行われる**
- **適切な湿度が保たれる**
- **日光が十分に入る**

ため、家畜にとって快適です。実証データからも、他社の施設の家畜に比べ、

「短い期間で出荷できる」

屋根形状による換気システム（セミモニター）を使ったアクトの牛舎

「早く育つだけでなく、肉質も良くなる」

ことが明らかになっています。

動物本来の生き方に近い環境を整える。そうすれば、家畜がストレスにさらされることはありません。

「農業施設は、自然の原理に沿って」

これがアクトの基本です。

第2章

農業を守るために挑戦し、常識を打ち破る

常識は害でしかない。常識に挑戦し打ち破り、世の中に貢献する

アクトの名が広く知られるようになったきっかけは、**「ミルクを浄化できる排水処理システム」**の開発に成功したことです。

酪農業では、毎日の搾乳(さくにゅう)作業にともない、必ず排水が出ます。搾乳室のことを「パーラー」といい、ここから出る排水のことを「パーラー排水」と呼びます。

・**パーラー排水……搾乳の際、パーラー（搾乳室）から出る排水のこと**（私が名付け

ました）

パーラー排水には、生乳、洗剤、殺菌剤、抗生物質、糞尿などが混在しているため、処理がとても困難です。

不十分な方法で処理される場合が多く、環境への負荷が問題視されています。

パーラー排水の処理が難しいのは、乳脂肪分（ミルク／廃棄乳）の浄化が困難だからです。

酪農の現場では、初乳（分娩から数日間に分泌する乳）や乳房炎（乳牛の疾病のひとつ）の牛から搾乳された乳は、廃棄乳として処分されます。

廃棄乳は、一般的な浄化槽では浄化できません。乳脂肪分を分解できないからです。

さらに北海道などの寒冷地では冬期間、水温が低下するため、浄化槽が機能しないケースが見受けられます。

したがって、「ミルクの入った排水に混ぜない」で処理するのが基本です（廃棄物業者に処分をお願いしたり、堆肥化する）。

ですが、酪農家の作業軽減を考えると、「廃棄乳がある程度混入しても、排水処理できるシステム」が必要です。

以前、あるパーラーを建設したときのことです。浄化槽メーカーの担当者が、酪農家に「浄化槽にミルクを入れたらダメ」と指摘していました。当時の浄化槽では、ミルクを浄化できなかったのです。

なぜだろう?

そう思って調べてみると、

「パーラー排水においては、乳脂肪分の分解が難しく、一定程度の処理を行うためには、大規模な処理装置が必要である」

ことがわかりました。

従来の浄化槽は、乳脂肪分の分解が苦手である。これが浄化槽メーカーの常識だったわけです。

しかし私は、こう考えました。

「できないのなら、できるようにすればいい」

「乳脂肪分の多い排水を処理できる浄化槽をつくればいい」
「パーラー排水を低コストで浄化するシステムをつくればいい」

常識や固定概念は、「害」です。

「できない」と決めつけて手を止めた時点で進歩は止まります。常識に挑戦し打ち破り、世の中に貢献するのがアクトの役割です。

「酪農家が安定的な経営を行うためにも、環境を保全するためにも、ミルクが混入したパーラー排水を処理するシステムが必要である」

そう結論づけた私は、周囲の

「できるわけがない」

「また内海がバカなことを言い出した」

という意見を尻目に、ミルクを浄化するシステムの開発を開始したのです。

業界の常識を覆すため、プロジェクトチームを結成

私は前職時代に、「これからは水の時代が来る」と考えて、浄化槽管理士、浄化設備士などの国家資格を取得しています。

しかし、知識としては知っていても、実際に浄化システムを開発するのは、はじめてでした。

開発は難航しました。

研究開発には、多額のお金が必要です。ところが、お金をつぎ込んでも、ミルクを浄化する方法を見つけ出すことはできなかったのです。

アイデアも、お金も底が見えはじめ、周囲から「そんなやり方をしていると、いつ

か、会社は潰れちゃうよ」と心配の声が上がりはじめました。

アクトは零細企業です。慢性的に人材不足であり、優秀な人材を製品開発にあてることはきわめて難しい。開発費もすぐに枯渇してしまう。

そこで、アクト単独での開発から、「連携」による開発にシフトしました。

「生乳が混入したパーラー排水を効率的かつ効果的に処理するシステムを開発し、全国に普及させる」

ことを目的として、産学官によるプロジェクトチームを結成したのです。

◎プロジェクトチーム

・株式会社アクト
・産業技術総合研究所
・帯広畜産大学
・KCMエンジニアリング株式会社

◎プロジェクトチームの2つの目標

①生乳を混入した排水をそのまま浄化処理し、法令上の環境基準を達成する

②浄化槽建設費を中小規模の酪農家が負担できるレベル（既存処理施設の2分の1〜3分の1）にする

◎研究分担

・乳脂肪分処理用特殊セラミックの開発……アクト／帯広畜産大学

・排水を浄化する微生物のすみかの製造……アクト／KCMエンジニアリング

・廃棄乳投入時の浄化能力試験……………アクト／帯広畜産大学

・分解能力の高い微生物の探索………………産業技術総合研究所

連携によって、私は、アクトに足りなかった「2つ」のものを手に入れました。「頭脳」と「資金」です。

・**頭脳**

企業が独自で新技術の開発を行う場合、材料や設備のほかに必要になるのは、人材です。

中小企業の場合、専門的な知識や経験をそなえた人材を確保するのは、容易ではありません。

しかし、連携をすれば、「大学の研究者」「その分野の専門家」の知見を借りることが可能です。連携する研究者を通して、大学の設備を活用できます。

連携解消後もネットワークは残るため、情報交換の基点となったり、「次」の連携につながることもあります。

・**資金**

研究開発には、多額の費用が必要です。企業と大学（公的な研究機関）が連携する場合は、補助金・助成金などの制度が活用できるケースが少なくありません。

本プロジェクトの場合、2008年度の経済産業省「地域資源活用型研究開発事業」

に採択され、委託費を受けることができました。

プロジェクトチームを結成したことで、研究開発は一気に加速しました。

共同研究の結果、

「化学薬品を用いずに自然界に存在する微生物を選択・適用することで乳脂肪分の多い排水の処理技術」

がついに完成したのです。

一般的な浄化槽では、0・5％以上廃棄乳が混入すると浄化できなくなります。

しかし、私たちが完成させた浄化槽は、常識を覆しました。

特殊な技術でつくられた活性化石炭により、**廃棄乳が「20％混入」しても浄化することが可能です**（殺菌剤や抗生物質の影響もないため、排水で金魚が育つほどの高い浄化能力）。

特許取得済8件、特許申請中9件、そのほかにブラックボックス3件、ブラックボッ

できるはずがないとされていたミルクを浄化できる排水処理システム

●廃棄乳が20%混入しても浄化できる浄化槽

●浄化された水を使った水槽。金魚が元気に生きられる

クスがあるために、いまだに世界中でも真似をできないシステムです。
アクトの排水処理システムは次の賞を受賞し、世の中の認めるところとなりました。

【受賞歴】

・２０１１年

日刊工業新聞社と公益財団法人りそな中小企業振興財団の第23回「中小企業優秀新技術・新製品賞」優秀賞　受賞（排水処理システム）

・２０１７年

平成29年度　北海道地方発明表彰　北海道知事賞　受賞

「酪農パーラー排水の処理装置及び浄化方法」

・２０１８年

第７回ものづくり日本大賞ものづくり地域貢献賞

「世界で初めての南極酵母を利用した低温下でも難処理廃水の活性汚泥法による処理法」

国や自治体などからさまざまな賞を受賞

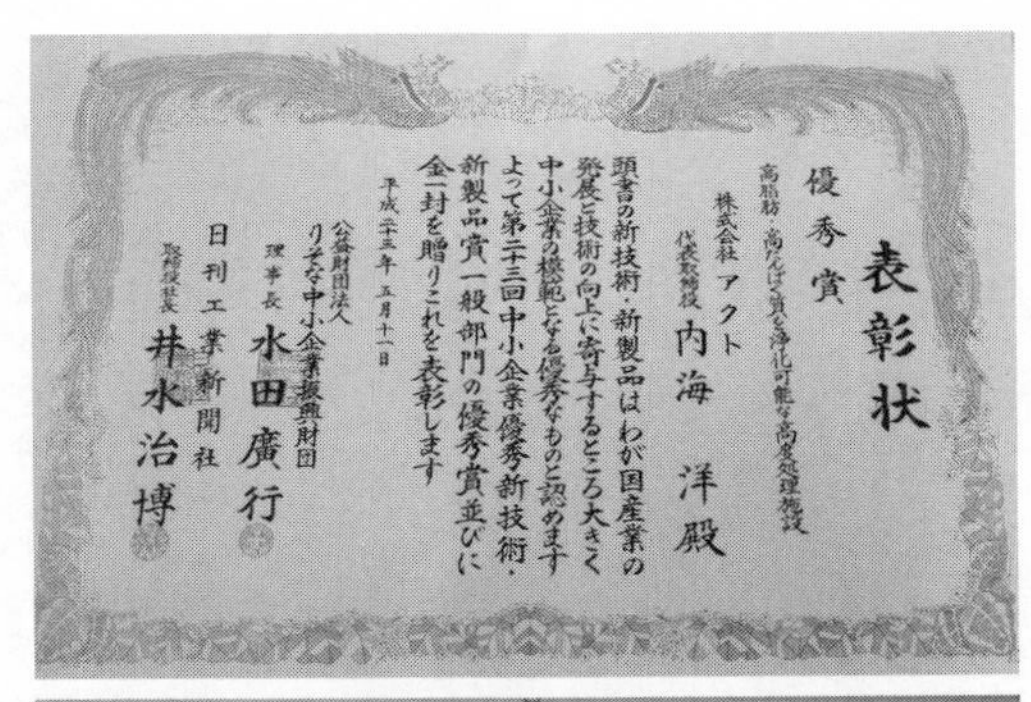

表彰状

優秀賞

高脂肪・高たんぱく質を浄化可能な高度処理施設

株式会社アクト
代表取締役 内海 洋 殿

頭書の新技術・新製品はわが国産業の発展と技術の向上に寄与するところ大きく中小企業の模範となる優秀なものと認めます
よって第二十三回中小企業優秀新技術・新製品賞一般部門の優秀賞並びに金一封を贈りこれを表彰します

平成二十三年五月十一日

公益財団法人
りそな中小企業振興財団
理事長 水田廣行

日刊工業新聞社
取締役社長 井水治博

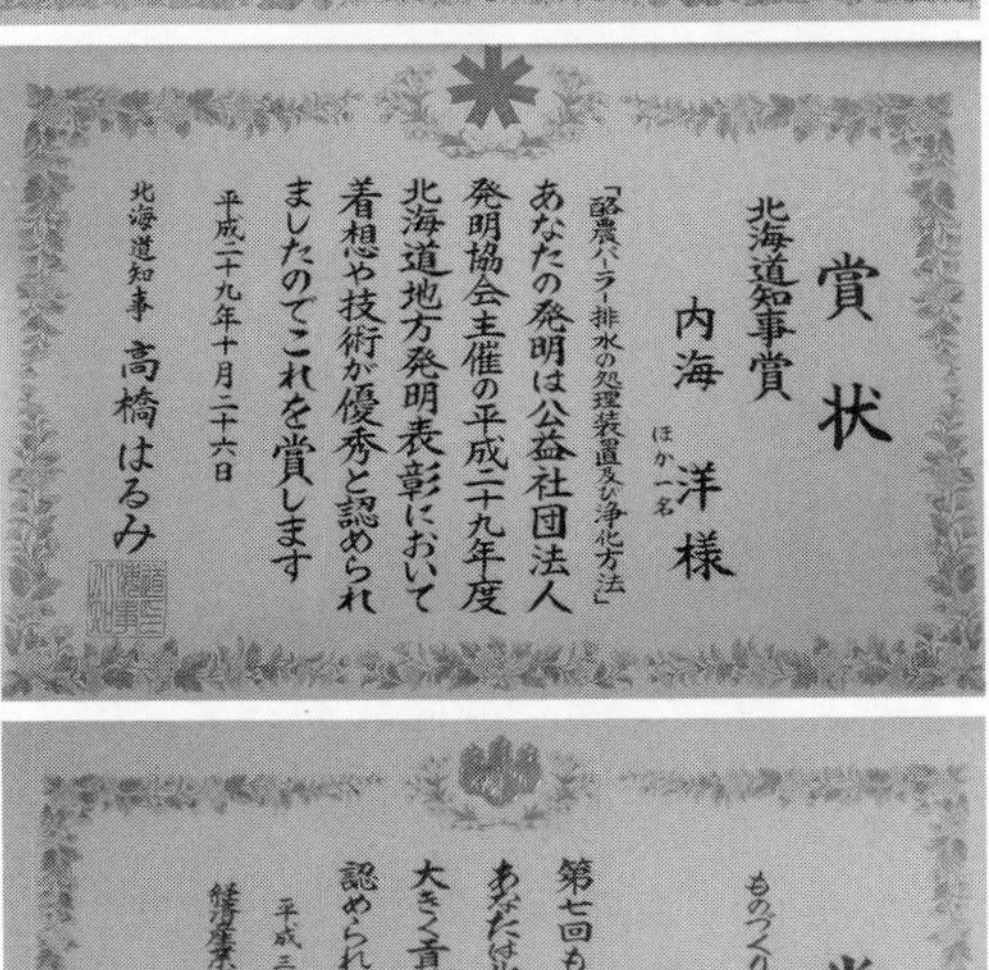

賞状

北海道知事賞

内海 洋 様
ほか一名

「酪農パーラー排水の処理装置及び浄化方法」

あなたの発明は公益社団法人発明協会主催の平成二十九年度北海道地方発明表彰において着想や技術が優秀と認められましたのでこれを賞します

平成二十九年十月二十六日

北海道知事 高橋はるみ

賞状

ものづくり地域貢献賞

内海 洋 殿

第七回ものづくり日本大賞においてあなたは北海道地域の産業の発展に大きく貢献したものづくり人材として認められたのでこれを賞します

平成三十年二月二十七日

経済産業省 北海道経済産業局長
児嶋秀平

困難に挑戦しなければ、独自技術は生まれない。

経営心理学者、カウンセラーである飯田史彦先生の著書、『人生の価値　私たちは、どのように生きるべきか』（ＰＨＰ研究所）の中に、次の一節があります。

「目の前にある試練が、つらければつらいほど、悲しければ悲しいほど、大きな挑戦であればあるほど、『自分は、これほどの問題を解くに値する、素晴らしい人間なのだ』ということを、証明しているのです。（中略）どうか、それほど困難な問題に挑戦している自分に誇りを持って、自分にならば絶対に解けるのだという信念を忘れずに、その問題に挑戦してくださいね」

飯田史彦先生は、こうも述べています。

「人生で直面するあらゆる試練も、やはり現れるべき時に出現するはずではないでしょうか。もちろん、試練だけではなく喜びも、然るべきときに現れ、私たちの人生を癒したり彩ったりしてくれるのです」（引用：『人生の価値　私たちは、どのように生きるべきか』）

僭越（せんえつ）ながら、私もその通りだと感じています。人生で出会う大きな試練は、人生の最大の肥やしでもあるのです。困難に挑戦し続けた結果、アクトが開発した独自技術を紹介しましょう。

【アクトが開発した独自技術の一例】

紹介施設／有限会社佐藤牧場　ロボット搾乳舎・北海道・本別町（佐藤俊行代表）

アクトが設計施工をした**佐藤牧場**のロボット搾乳舎には、

- **蹄病対策装置（フーフケアシステム）**
- **空間除菌・暑熱対策システム**
- **自動靴底洗浄・除菌システム**
- **靴洗浄・除菌システム**

が導入されています。

この4つのシステムには、他社には真似のできないアクト独自の特許技術が採用されています。

- **蹄病対策装置（フーフケアシステム）**↓89ページ

フーフケアシステムは、蹄病感染予防のシステムです。蹄病はもちろん、乳房炎への感染抑制にもなるため（搾乳直前に乳頭も除菌）、結果的に乳量が上がります。

アクトの特殊な技術により、0℃以下の気温下でも作動します。

・空間除菌・暑熱対策システム↓90〜91ページ

畜舎空間除菌の噴霧装置に加え、畜舎内部の空気を循環することで「暑熱対策」「空間清浄化」「脱臭」が可能です。

◎暑熱対策

夏の畜舎は高温になり、暑さに弱い牛たちは元気がなくなります。しかし、クリーン・リフレ（後述）を空間噴霧すると、畜舎内の温度が5〜6℃下がるため、家畜の夏バテを防止します。

◎空間除菌

このシステムを使うと、畜舎内の空気、壁、床、敷料などの表面を除菌することで「サルモネラ菌」「ヨーネ菌」「口蹄疫」「マイコプラズマ」「リステリア菌」などが予防できます。

◎脱臭効果

畜舎から発生する悪臭、糞尿処理時に発生する悪臭、牛の飼料から発生する悪臭などを除去します。

・自動靴底洗浄・除菌システム↓89ページ
人間を感知して、靴底の洗浄・除菌を自動で行います。

防疫関係では最も重要な入り口の部分で、クリーン・リフレを噴霧して完全に洗浄・除菌します。

・靴洗浄・除菌システム
足をステンレス製の箱に入れることによって、クリーン・リフレが靴底や靴上、サイドに噴霧して洗浄・除菌を行います。


お客様の課題を解決する「新技術」は、困難を乗り越えた先にあります。あきらめず、たゆまぬ努力を続けなければ、技術は誕生しない。

アクトの独自技術は、プロジェクトに関わるメンバーの努力の結晶です。

佐藤牧場で活躍するさまざまなアクトの技術

●蹄病対策装置（通路用）

●自動靴底洗浄・除菌システム

0967

佐藤牧場でのクリーン・リフレを使った空間除菌・暑熱対策システム。脱臭効果も高い

銀行から融資を受けられず、倒産の危機に直面

アクトはこれまで、業界の常識を覆すさまざまな装置、独自技術を開発し、結果を残してきました。

ですが、必ずしも順風満帆だったわけではありません。

多くの中小企業と同じように、「人材」と「お金」の問題に悩まされたことがありました。

「倒産」が頭をよぎったこともあります。

【人の問題】

独立後、事業が軌道に乗ってきたとき、設計・施工一貫体制を強化するため、現場施工作業員を増員しました。一番多かったときで、従業員数は50人ほど。社員教育が思うように行かずに、のちにアクトの施工班を別会社（A社とします）として独立させたのですが、これが失敗でした。「アクトが営業・設計をして、施工はA社に託す」という役割が次第に崩れてきたのです。

当時、アクトの業績は伸びていたので、当然、A社の業績も伸びます。A社の業績は、アクトの営業力によるものです。ところが、A社は慢心しました。「アクトに頼らなくても、自分たちでできる」「アクトを間に入れないほうが、儲かる」「A社が儲かっているのは、自分たちの力である」と考えはじめたのです。

結果的に袂（たもと）を分かつことになったのですが、その約1年半後、A社は倒産しました。

来るもの拒まずに採用した結果、横領を見抜けず、資金（現金）を持ち逃げされたこともありました（のちに犯人は逮捕）。

アクトの協力業者（B社）と結託をして、独立したものもいました。しかし、2年程度で倒産、離婚して家も売却したと聞きました。

A社の離反も、社員の横領も、一番の原因は、私にあります。当時の私は、忙しさを理由に、「採用」と「社員教育」をあと回しにしていたのです。

アクトにふさわしい人材を採用する。

そして、社員教育に力を入れて、価値観を揃える。

そうすれば、A、B社の倒産も、社員の不祥事も防げたかもしれません。

アクトの場合、受注が増えれば増えるほど、人の問題が顕在化していきました。

その結果は、地雷を踏むかのようにあちこちで爆発して、その解決に翻弄される毎日でした。そこで、あえて受注を減らした（売上を減らした）こともあります。

一般的には、売上を下げると経営は不安定になりますが、アクトは逆でした。受注を減らしたことで人の問題が生じなくなり、地雷も踏まなくなり、経営が安定したのです。

【お金の問題】

アクトは、利益をすべて研究開発につぎ込んでいました。

仮に利益が3000万円あった場合、その3000万円をすべて研究開発に使っていました。

研究開発を活発に行うと利益が圧迫されるため、決算書は悪化。銀行からの評価は、低いものでした（融資もなかなか受けられませんでした）。

研究開発費だけでなく、特許を取得するのも、取得した特許を維持するのもお金がかかります。

資金繰りに窮して、「もう倒産か」と追い込まれたことは、一度や二度では済みませんでした。

経営計画書は、「人」と「お金」の問題を解決する魔法のツール

「人の問題」と「お金の問題」を解決する糸口をくださった人物がいます。
「株式会社武蔵野」（東京都・東小金井市）の小山昇社長です。

小山昇社長は、倒産寸前だった武蔵野（ダスキン事業、経営コンサルティング事業）を「18年連続増収」に成長させた中小企業のカリスマ経営者です。

小山社長との出会いによって、アクトの経営体質は大きく変わりはじめました。

小山社長からは、多くのアドバイスをいただきました。なかでも、アクトの経営に

大きな推進力を与えたのは、次の3つです。

①経営計画書
②経営計画発表会
③コミュニケーション

まず、この項目では経営計画書について紹介していきましょう。
中小企業の多くは、「ヒト」「モノ」「カネ」で悩んでいます。

・ヒトの悩み（採用、人材育成）
社員が言うことを聞かない。社員のモチベーションが低い。優秀な人材が獲得できない、など。

・モノの悩み（商品・サービス）
試行錯誤しているが売上は上がらない。ヒット商品がつくれない。生産性が向上しない、など。

・カネの悩み（資金調達・運用）

金融機関がお金を貸してくれない。利益は出ているのにキャッシュフローが悪い、など。

この3つの悩みを解決するために、当社では、「経営計画書」と呼ばれる手帳を従業員全員に配布しています。

経営計画書は、アクトの「数字」「方針」「期日」を1冊の手帳にまとめたルールブックです。

・数字

今期の経営目標（売上高、粗利益額、人件費、教育訓練費、経常利益、売上成長率）と、長期事業構想書（当期から5年先までの事業計画、粗利益計画、要員計画、設備計画、施設計画、資本金、生産性）を、具体的な数字で明記しています。

計画を数字に落とし込まないと、自社の状況を把握できません。経営計画書には、「現在はこれくらいの売上で、これくらいの利益が出ていて、5年後はこうなる」という会社の「現状」と「行き先」を具体的な数字で表現しています。

・方針

方針とは、「守るべきルール」のことです。

「環境整備に関する方針」「お客様に関する方針」「クレームに関する方針」「社員に関する方針」「内部体制に関する方針」など、社員が徹底すべき「約束事」を明文化しています。

ルールを明文化しておけば、誰が、いつ、どこで読んでもブレることがないため、社員の価値観が揃い、同じ方向に動くことができます。

・期日

経営計画書で方針を示しても、「誰が、いつ、何をやるのか」を決めなければ、その方針は、絵に描いた餅になります。

ですが人は、「決められたこと」、「書かれてあること」なら守る。そこでアクトでは、「事業年度計画表」（年間スケジュール）をつくっています。

当社では1年間を「4週間1サイクル」で考え、A週、B週、C週、D週に分けてスケジュールを決めています。

社長には、説明責任があります。説明責任とは、

- **「会社が今、どんな状況にあるのか」**
- **「これからどうしていくのか」**
- **「社員として守るべきこと、やってはいけないことは何か」**

といった会社の方針、業績、目標を周知することです。

アクトでは全社員に経営計画書の携帯を義務付けています。「どう行動すればいいのか」に迷ったら、経営計画書が道標となります。

経営計画書は、「会社の価値観を社員に浸透させる」ためのツールです。社員の考

不安定なアクトの経営を安定させたツール「経営計画書」

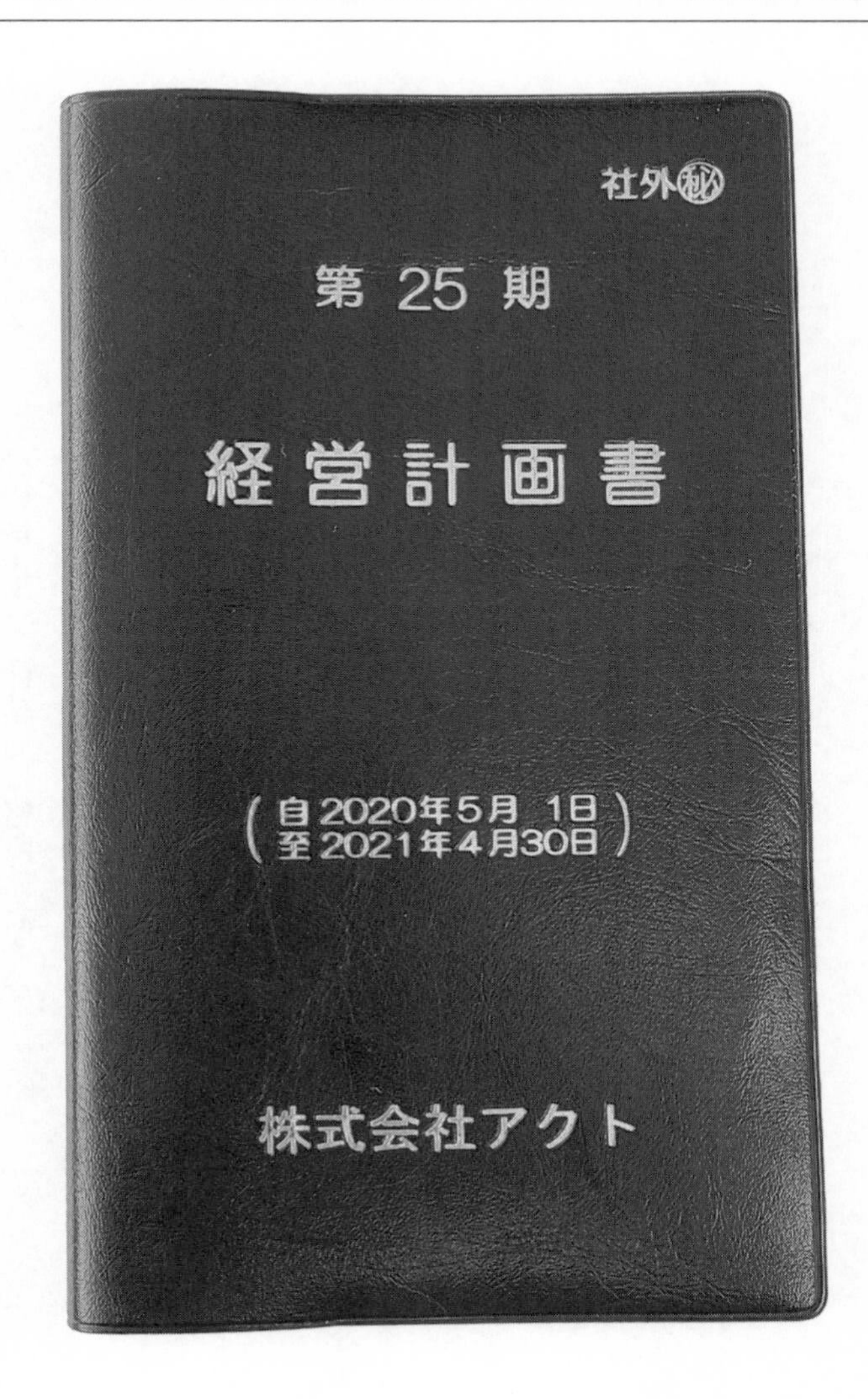

え方が統一されると、会社の統率力や団結力は格段に高くなります。

経営計画書は、金融機関にもお渡ししています。

私は定期的に銀行訪問をしており、訪問時には毎月の実績を読み上げ、銀行の担当者に、その数字を経営計画書に記入していただきます。

業績がいいときも悪いときも、会社の情報をオープンにすることが、信用につながります。

経営計画発表会に、金融機関を呼ぶ理由

アクトでは、毎年5月に、社長が自ら社員と金融機関の前で、前期の報告、今年度の経営方針、長期事業構想について解説する**「経営計画発表会」**を開催しています。

経営計画発表会は、第1部と第2部に分けて行ないます。

- **第1部……経営計画の発表（方針と数字）が中心**
- **第2部……アクトの技術発表、1年間の活動報告**

経営計画発表会には、金融機関の担当者も招待します。金融機関の方々に、

「社長（私）の姿勢」

「社員の姿勢」

「アクトの開発力（技術力）」

を知っていただくためです。


「社長の姿勢」「社員の姿勢」「アクトの開発力（技術力）」を見ていただくことが、結果的には、「融資の判断材料」になります。


小山社長は、常々、「真似こそ最高の創造である」と述べています。

多くの会社が、0から1を生み出そうとします。

ですが、経験や実績が不足しているために、結局は「1」を生み出すことはできません。だとしたら、

「すでにできあがっている『1』を真似るほうが近道である」と小山社長は考えています。

私がはじめて経営計画書をつくるとき、小山社長からこう言われました。

「わが社の経営計画書を見て、自社で使えるところがあれば、そのままコピーしてください。**まず真似から入る**。いちばんやさしいところと、自分にもできそうなところを真似てみるのが正しいつくり方です。

そして辻褄が合わなくなってきたら、その時点で変更すればいい。真似も3年続ければ、自社のオリジナルになります」

経営計画発表会も、開催当初は武蔵野の「真似」をして、第2部には、娯楽性のある懇親パーティーを開いていました。

ところがアクトは従業員が少ないため、「早食い競争」をしても、盛り上がりにかけてしまいます。小山社長の教えにしたがい、最初の3年間は「武蔵野の真似」に徹し、4年目からは、第2部の内容を懇親パーティーから、

「前期1年間の活動報告」

に変更しました。

「この1年間でこういう研究開発をした」
「こういう実績を残した」
「メディアの取材をこれだけ受けた」
「こういう賞を受賞した」
「こういう特許を取得した」

と説明をはじめたところ、周囲の（金融機関の）「アクトを見る目」が明らかに変わりました。

決算書の数字としてはあらわれない「アクトの実力」が正当に評価され、融資を受けられるようになったのです。

これまで、融資に消極的だった金融機関がアクトへの評価を変えたのは、

金融機関が評価する「経営計画発表会」

・経営計画書をつくり、会社の数字と方針を明文化した
・長期計画をつくり、アクトの展望を数字化した
・経営計画発表会を開催して、「アクトの考え」「アクトの実績」「アクトの技術」を明らかにした

ことが大きな要因です。

また、アクトの特許に対する評価も大きなものになっています。現在、2つの銀行が国の公的補助金を使い、特許と企業価値について、評価をしてくれています。

ＭＩＰ（新しく市場を創造する商品）経営塾の梅澤伸嘉先生の著書『新版ロングヒット商品開発』（同文舘出版）で、「今、誰も知らない、これから有名になる中小企業」として紹介されたことを思い出します。

コミュニケーションの回数を増やし、社内の価値観を揃える

アクトは、**「価値観教育」**に力を入れています。

強い組織をつくるには、「均一である」＝「全員が同じ価値観を持つ」ことが不可欠です。価値観が揃っていれば、社員全員で同じ戦い方ができるため、組織力で勝負できます。

社長と社員、幹部と部下の価値観を揃えるためには、コミュニケーションの機会を多く持つことが大切です。

小山社長は、コミュニケーションの必要性について、次のように述べています。

「コミュニケーションは、上司と部下が、**時間と場所を共有**しないかぎり、良くなりません。時間と場所を共有して、お互いの価値観や考えをすり合わせる。すると、社員の意識が変わり、行動が変わり、そして業績が変わります」

「コミュニケーションを良くするには、**接触した回数**が決め手になります。コミュニケーションは、質より量が大原則です。どんなコミュニケーションを取ったかよりも、どれだけ多くコミュニケーションを取ったかのほうが大事です」

そこでアクトでは、社内イベントの予定が経営計画書に記入されています。

具体的には、勉強会（月2回）、アクト会（2カ月に1回）、社長との少数食事会（2カ月に1回）、社長との差し飲み（月1回）、グループ食事会（都度）。会社はこれらの飲みニケーション出席者の車の代行運転代を負担します。このように定期的に開催することで、コミュニケーションの量を多くしています。

懇親会もコミュニケーションの回数を増やす仕組み

※懇親会中もクリーン・リフレで空間除菌（アクトの技術が使われている）

仕事観を共有する

アクトの経営計画書には、「方針」「数字」「期日」のほかに、

「アクト経営語録」

を掲載しています。経営語録も、社長と社員の価値観を共有するツールです。

経営語録は、私の「考え」のみならず、有名経営者・実業家などの仕事観、人生観（＝名言）をまとめたものです。朝礼などで、私が解説を加えています。

掲載する経営語録は、200以上。その中から抜粋して紹介します。

・「三者総繁栄」

三者とは、お客様、会社、従業員（経営者、社員、協力業者）のこと。会社をより良く、より大きくし、お客様に真心のサービスをし、それによって従業員（社員、協力業者）が良くなる。

・**「日々努力、日々反省」**

毎日毎日の努力を積み重ね、そして、毎日反省をしていくことが次の人生の発展につながる。

・**「社員全員が営業マン、社員全員が経営者」**

小さな会社でも売れないことには仕事ははじまらない。お客様を大切にし、挨拶を忘れることなく、技術員も事務員も全社員がわが社の商品に自信を持って勧められること。また、全社員が経営者の考えを持って、現在よりひとつ上の仕事をする。

・**「残った社員が優秀な社員、残った社員が縁の深い社員」**

この会社で知り合えたのも、何かの縁である。流れに逆らうことなく、常に努力を惜しまないことで、会社も個人も明るい道が開ける。

・「家族主義」

社員は家族、兄弟である。信頼と感謝で成り立っていることを忘れないこと。心から頼れる仲間、それが家族である。

・「卑屈な振る舞いは絶対にするな」

卑屈なことをして、一時的にのし上がってもすぐ落ちる。毎日、毎日努力をすることが何よりも大切である。

・「困難にあわない人生はありえない。もしあるとすれば、それは怠けている証拠である」

毎日毎日挑戦をしていれば、必ず壁にぶつかる。それを乗り越えることが人生を切り開くことになる。

・「身のまわりをきれいに」

まわりを良い人間、良い会社にすると、自然と自分も高まる。類は友を呼ぶ。

・「真面目に一生懸命に」

常に真面目に一生懸命に励もう。その真面目さ一生懸命さを見た神様が、手助けせざるをえなくなるような真剣な一生懸命さが、人生を開く。人生には必ず苦難が付きものです。必ずその試練は人生の中で糧となる。

・「仕事をやることに何の意味があるのか、世の中に役立ってはじめて生きる」

漫然と指示された仕事をこなすのではなく、仕事に対する世の中の価値、意味が理解できなくては生きた仕事にはなりえない。

・「小さい会社がいい会社になるにはエネルギーがいる。だけど、いったんそこに行けば、今と同じようにしていても疲れない」

毎日毎日一生懸命に仕事をしていれば、自然と体と心もそのようになる。自然とそれが当たり前になる。そして、当たり前のように道ができる。

・「すべてはお客様のために」

他社がいかにわが社を真似しようが、不義理な社員がわが社の大切なデータを持ち出そうが、「アクトは行動する会社」「三者総繁栄」「全従業員の物心両面の幸福を追求するとともに、衣・食・住および環境問題を通して人類社会に貢献する」を思って考え抜いた商品やサービスのシステムは真似ができない。

・「建物も機械も命がある。愛情を持って接すること」

不思議なもので、建物でも機械でも、愛情も持って接すると、応えてくれる。愛情を持って成し遂げた仕事は、必ず成功する。

第3章

「飲める水」での消毒を目指し、クリーン・リフレを開発する

農業施設メーカーに、一般消費者からの問い合わせが殺到した理由

アクトは、農業施設のメーカーであり、一級建築士事務所、特定建設業、不動産事務所です。

「国立研究開発法人　産業技術総合研究所」（産総研）や帯広畜産大学との共同研究で、農業施設の消毒装置や浄化槽などを開発・販売しています。

アクトでは、

・牛の蹄病を予防する蹄洗浄・除菌システム（蹄病：牛の蹄が病気になること）

・マイナス30℃（マイナス50℃タイプもあり）でも凍らずに消毒できる車両消毒装置

（感染症は農場を往来する車両によっても広がるため、車両の消毒が必要）

・長靴の自動洗浄装置

などを開発・販売しています。

これらの装置では、消毒液ではなく**「クリーン・リフレ」**を用います。実験では「クリーン・リフレ」には、**口蹄疫、鳥インフルエンザ、豚流行性下痢（PED）、豚コレラ（豚熱）、サルモネラ菌、ヨーネ菌、マイコプラズマ**といった家畜の伝染病だけでなく、

「新型コロナウイルス感染症対策」

にも効果があることがわかっています。

2020年初頭に新型コロナウイルスが猛威を振るい出した当初、アルコール消毒液が店頭から消え失せ、医療関係施設でも入手困難になるなど、大変な騒ぎになりました。

アルコールに代わる除菌液（消毒液）として注目されたのが、アクトのクリーン・

リフレです。

新型コロナウイルスには、アルコールによる消毒が有効だとされています。しかしアルコールには、

・空気中に噴霧できない（高濃度は危険）
・アレルギー体質の人には使えない（過剰な免疫反応、じんましん、息苦しさ等）
・皮膚の皮脂分を溶かすため、手荒れの原因になる（免疫力の低下＝肌のバリア機能低下）
・粘膜や傷のあるところには使えない（刺激が強い）

などのデメリットもあります。

アルコールは刺激が強いため、加湿器などを利用した空間噴霧はできません。火の元や石油ストーブがあれば引火する可能性もあります。

さらに、脱水作用があるため、頻繁に使用すると皮膚表面の皮脂と水分の両方を奪ってしまいます。

一方、クリーン・リフレは、

- **空気の除菌や物品除菌ができる**
- **環境や人にやさしい（この除菌液を使って入浴しても人体に害はない）**
- **pH5・8〜8・6に中性化したクリーン・リフレの有効塩素濃度以外の成分は飲用適の水（現在は食品製造水）の基準に適合している**

ため、**人や動物に害を及ぼすことなく、除菌や消臭を行うことが可能**です。

正しく使えば、アルコールに比べ除菌・不活化効果があり、引火性もなく、アルコールアレルギーの方でも**安全に使用**できます。

次亜塩素酸水は、新型コロナウイルスに効果があるのか？

クリーン・リフレは、食塩水を処理して得られる**酸性電解水**（電気分解によって生成された酸性の次亜塩素酸水）です。

中性化したものは食品衛生法の「食品製造用水」（飲用適の水）に適合する次亜塩素酸水で、細菌やウイルスを除去する能力がありながら、人体には高い安全性を持っています。

新型コロナウイルスに対する次亜塩素酸水の効果については、

「これはすばらしい！」

という肯定的意見がある一方で、

「いや、本当に効果があるのか疑問だ」

という否定的見解もありました。

一時は、国の研究機関や大学から、製造企業や一般市民まで巻き込んだ論争になったほどです。

次亜塩素酸水の効果と安全性については、145ページ以降でデータを用いながら詳述しますが、結論から言うと、

「細菌、ウイルス、カビ、有害気体分子など、さまざまな病原体、有害微生物、悪臭物質に対し大きな効力を発揮する」

ことが明らかにされています。

「次亜塩素酸水は新型コロナウイルスに効かない」と否定的な意見が散見されたのは、**数多くの「ニセモノ」が出回ったから**です。

食品添加物（殺菌料）として安全が認められている次亜塩素酸水は、生成方法や規格が明確に定められています。

①電気分解でつくられている
②pH2・2〜7・5
③塩素濃度10〜100ppm

食塩水や塩酸を電気分解して生成した次亜塩素酸水は、厚生労働省によって食品添加物の認定を受けています。

残念なことに、「食品添加物である次亜塩素酸水」として市販されているものの中には、厚生労働省の規定外のものもあり、混乱を招いています。こうしたニセモノは、

・電気分解でない製造方法のもの
・有効塩素濃度の表示がない
・濃度が表示より薄い

ものが多く、効果が薄いだけでなく、人体への有効性と安全性が確認されている保証がありません。また、「塩素系漂白剤を水で薄めると次亜塩素酸水になる」といったデマも広まりました（塩素系漂白剤（次亜塩素酸ナトリウム）を酸で中和して製造したものも次亜塩素酸水ではありません）。

このように、**混合するものや粉からつくるものは、次亜塩素酸水ではありません。**

こうした厚生労働省の規定に沿わないものを「次亜塩素酸水」と言って売ったり、市場にある次亜塩素酸水と言ってはいけないものを次亜塩素酸水として評価を行い「次亜塩素酸水は効果がない」との報道の存在が、次亜塩素酸水をめぐる混乱と誤解を生みました。

電気分解による食品添加物（殺菌料）の規定に合致する正しい生成方法でつくられた次亜塩素酸水は、安全や有効性についての多数の報告があり、新型コロナウイルス感染症対策に有効です。

「独立行政法人　製品評価技術基盤機構（ＮＩＴＥ／ナイト）」は、２０２０年6月26日に発表した報道資料「新型コロナウイルスに対する消毒方法の有効性評価について最終報告をとりまとめました。「～物品への消毒に活用できます～」の中で、

「一定の濃度以上の次亜塩素酸水が、新型コロナウイルスの消毒に対して有効であることが確認されました」

新型コロナウイルスへの有効性を国が証明

製品評価技術基盤機構

厚労省・経産省・消費者庁

と効果を認めています。

また、厚生労働省・経済産業省・消費者庁の特設ページ「新型コロナウイルスの消毒・除菌方法について」にも、

「『次亜塩素酸水』は、『次亜塩素酸』を主成分とする、酸性の溶液です。酸化作用により、新型コロナウイルスを破壊し、無毒化するものです。いくつかの製法がありますが、**一定濃度の『次亜塩素酸』が新型コロナウイルスの感染力を一定程度減弱させることが確認されています**」

と記載されています（次亜塩素酸、次亜塩素酸水、クリーン・リフレの特徴については、第4章で詳しく説明します）。

厳冬期でも消毒が可能な「日本初」の車両消毒装置を開発する

アクトが農業用を中心にクリーン・リフレ（電解無塩型次亜塩素酸水）の販売を開始したのは、2013年からです。

クリーン・リフレを用いた最初の商品が、「車両消毒装置」です。

2000年5月に十勝本別町で口蹄疫が発生しました。そのときにお客様から言われたことは「発生が夏だったからよかった。冬でなくてよかった」「今後は、真冬でも消毒できるようなものが必要だ」。このご要望を叶えるために構想に着手し、2001年の冬には、具体的なイメージができあがりました。

しかし、のど元過ぎれば、でしょうか。車両消毒装置を導入したいという酪農家はないままに過ぎていきました。

それが、2008年ころになると、近隣諸国で口蹄疫が発生し日本にも危険が迫り始めました。おりしも一般社団法人ジェネティクス北海道で牛舎の建設をしているときに車両消毒装置を検討しているとの相談がありました（ジェネティクス北海道は、日本でも数少ない、優秀な黒毛和牛やホルスタインの種を生産しているところです）。松浦場長から「これだけ近隣諸国で口蹄疫が出ているので、真冬でも使用できる車両消毒装置を設置したい」「あちこち相談したのだがどこもそんなものはできないという。できるところをどこか知らないか」と相談されました。私の答えは、「アクトでできますよ」その一言でした。

そして、2010年、世界で初めてマイナス30℃対応の車両消毒装置が完成したのです。

さらに2013年には、口蹄疫やPED（豚の下痢）、鳥インフルエンザなどによる家畜、鶏への感染被害を防ぐため、帯広畜産大学や酪農学園に、改良型車両消毒装置が設置されました。

伝染病は、家畜、飼料の運搬車両や人の移動によって拡大拡散されます。したがって、伝染病の伝播を防ぐには、農場の出入り口に消毒装置が必要です。

ですが、従来の車両消毒装置の場合、厳冬期に入ると凍結するため、消毒装置を使うことができませんでした（普通の装置は、屋外で水を扱うため、北海道十勝では、約6カ月しか使用できない）。また、開発当時、既存の車両消毒装置の試験では、消毒効果は15～30％程度しかありませんでした。アクトの車両消毒装置は１００％を目指し開発され、消毒効果は98～１００％を確認しています。

装置が使えない期間は、通路や家畜舎に消石灰（消毒でよく使われている石灰）を散布するにとどまっていました。しかし、その効果は少ないと考えられていました。

また人の手で車両を消毒すると、タイヤとの接地面しか消毒できないため、タイヤ外周やタイヤの溝、車両底部の消毒は不十分でした。

アクトの理念は、「すべてはお客様のために」です。

農業関係者から寄せられる
「ウイルスが活発になる冬場に伝染病が発生したら大変なことになる」

「厳冬期でも消毒が可能な装置が必要」

という要望をかなえるための車両消毒装置でした。


クリアすべき条件は厳しいものでした。

【クリアすべき条件】

・厳冬期でも凍結することなく稼働する（マイナス30℃／マイナス50℃タイプ）
・ノズルの液漏れを防止する（ノズルも凍らない）
・車両の隅々まで消毒する（100％消毒を目指す）
・すべてが自動で作動する
・連続的に車が入場しても作動する

・大型車と小型車を自動判別して、洗浄液の噴霧位置と量を調整する
・固定型の装置と移動可能な簡易型装置を両方開発する
・すべてのノズルから一斉に噴霧ができる
・タイヤの外周、タイヤの溝、車両底面も同時にできる
・洗浄水が届きにくい車両の前後も確実にできる
・環境を汚染しないもので洗浄する
・人間が浴びたり、吸い込んだり、飲んでも問題が発生しないもので消毒する

しかし、農業関係者にご意見をうかがい、産学官の知見を集結した結果、極寒の気象条件でも安定して洗浄効果を発揮できる車両消毒装置が完成したのです。

この車両消毒装置で取得した特許は11件、他に特許申請中が2件あります。

厳冬期でも安定的に自動消毒する「日本初」の装置です。

【アクト車両消毒装置の特徴】

・真冬でも消毒液が凍結せず、農場に出入りする車両を洗浄・除菌できる
・消毒液を吹きかけるノズルの先端を温め、マイナス30～50℃の気温でも機能を保てる（マイナス30～50℃でも対応可能）
・消毒液を自動的に上下左右から強い水圧でまんべんなく吹き付ける（人が車外に出る必要がない）
・人力では不可能なタイヤハウス、タイヤ周囲の溝、車の底部まで洗浄・除菌できる
・車両の油分や消毒液の成分、ゴミなどが混入した洗浄廃液を的確に処理する
・除菌後に排水された除菌液や廃液を環境に配慮した清浄な排水に変える

マイナス 30℃でも凍らないアクトの車両消毒装置

電解無塩型次亜塩素酸水生成装置「クリーン・ファイン」誕生

車両消毒装置を導入すれば、日常的入退場の防疫対策が可能になります。

しかし、課題がなかったわけではありません。車を完璧に消毒することや装置に使用する「消毒液」に、見直しの余地がありました。

装置本体は環境への配慮が十分になされていますが、使用する消毒薬は毒性が高い上に、サビが発生するなどの課題が残されていたのです。

安全性の高い消毒液はないか。

サビの発生しない消毒液はないか。

候補として上がったのが、次亜塩素酸水です。

食品衛生法に適合し、食品添加物として認可されている次亜塩素酸水であれば、「感染症予防（除菌）」と「家畜や人体への安全」を両立させることが可能です。

ですが私は、次亜塩素酸水に期待をしつつも、手放しに喜ぶことはできませんでした。

厚生労働省の成分規格を満たした次亜塩素酸水にも、2つの欠点がありました。

・塩分の濃度が高く、サビや土壌塩害の原因になることが考えられる
・つくり置きすると数時間から1カ月ほどで消毒効果がなくなる（ゼロになる）

「安全性の面で、次亜塩素酸水の優位性は揺るがない。けれど、今の生成方法の次亜塩素酸水では車体がサビてしまうし、消毒効果がすぐになくなってしまう。さて……、どうしたものか」

解決のヒントになったのは、たまたま目にした「小さな新聞記事」でした。

その記事に、「塩化ナトリウム濃度が低く、金属を腐食しにくい次亜塩素酸の生成方法」が紹介されていたのです。

開発者は、故・佐野洋一氏。佐野洋一氏は「電気分解装置及び電気分解方法」で特許を取得していました。

残念ながら、佐野洋一氏はすでに他界されていたため、生成技術を継承している佐野弘久氏（佐野洋一氏の親族）に連絡を取り、すぐに飛行機に搭乗。新聞記事を見た翌日には、佐野氏の下を訪れました。


アクト創業当初から、常々、「より安全性の高い消毒液はないか」を考え続けていた私にとって、佐野洋一氏の生成方法は、「唯一の答え」でした。

そして、佐野弘久氏の協力のもと、「次亜塩素酸水の生成装置（電解装置）」販売と開発に取り組むことにしたのです。

この装置でつくられた次亜塩素酸水は、それまでの次亜塩素酸水と違って、

・塩化ナトリウム濃度が水道水と同程度なので、金属の腐食が生じにくい
・不純物が少ないため、消毒効果が持続する（実験の結果、1カ月で約8％低下するだけ）

ことがわかりました。

アクトでは、この生成装置を**「クリーン・ファイン」**、「クリーン・ファイン」によって生成された「電解無塩型次亜塩素酸水」を**「クリーン・リフレ」**と呼んでいます。

・電解無塩型次亜塩素酸水……「電気分解によって生成された、塩化ナトリウム濃度が極めて低い次亜塩素酸水」のこと。
・電解……食塩水の電気分解によって次亜塩素酸水をつくる（溶液の混合や粉を混ぜるのではない）
・無塩型…塩化ナトリウム濃度の含有量がきわめて少ない

農林水産・食品産業技術振興協会会長賞も受賞

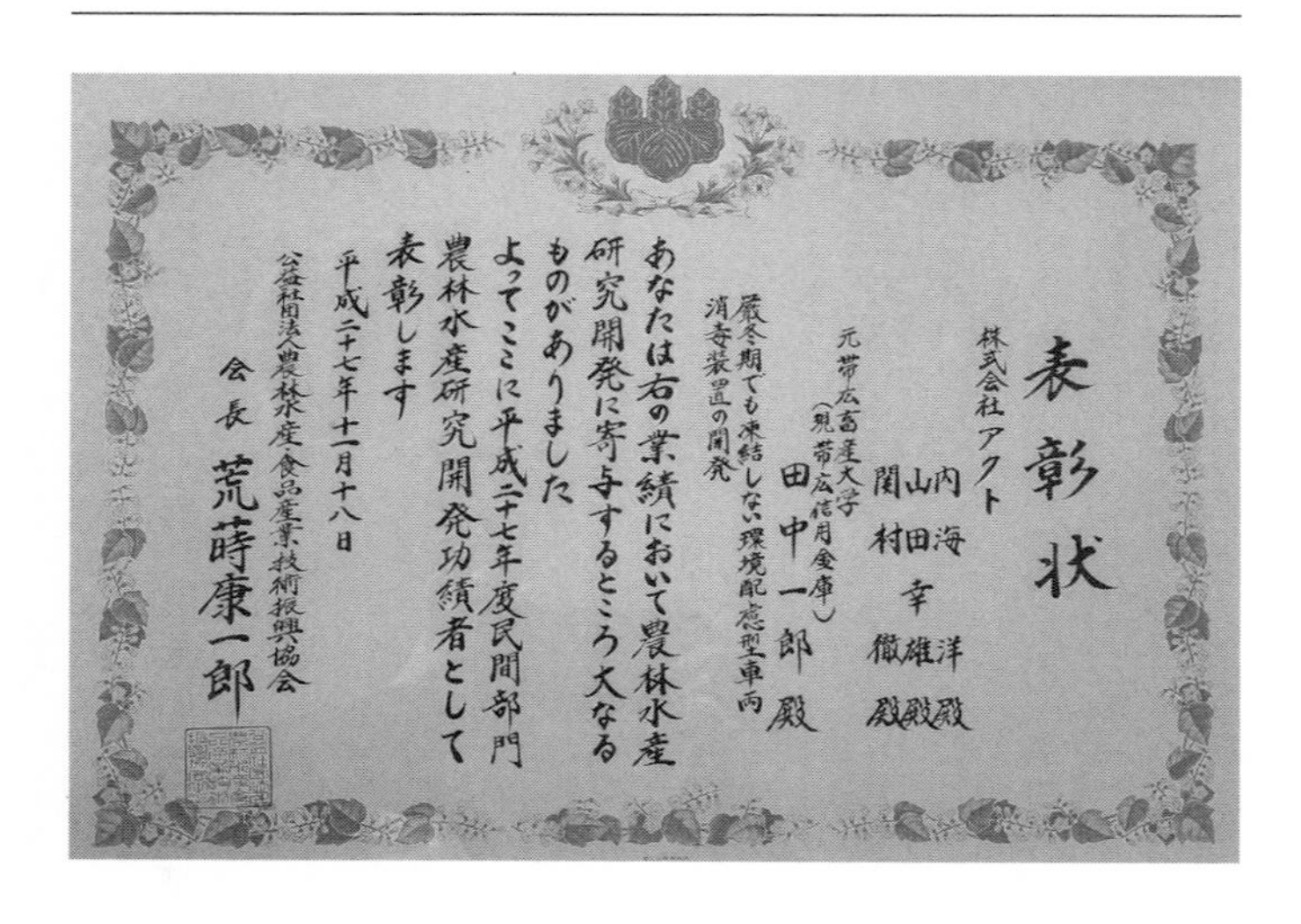
表彰状

株式会社アクト
内海　洋殿
山田　幸雄殿
関村　徹殿

元帯広畜産大学
（現帯広信用金庫）
田中一郎殿

厳冬期でも凍結しない環境配慮型車両
消毒装置の開発

あなたは右の業績において農林水産
研究開発に寄与するところ大なる
ものがありました
よってここに平成二十七年度民間部門
農林水産研究開発功績者として
表彰します

平成二十七年十一月十八日

公益社団法人農林水産・食品産業技術振興協会
会長　荒蒔康一郎

クリーン・リフレを車両消毒装置の消毒薬のかわりに使うことで、車体へのサビの影響を最小限にとどめることが可能になったのです。

アクトの車両消毒装置は、農林水産省および公益社団法人 農林水産・食品産業技術振興協会主催の「2015年度（第16回）民間部門農林水産研究開発功績者表彰」において、**「農林水産・食品産業技術振興協会会長賞」**を受賞しています。

現在クリーン・リフレは、車両消毒装置だけでなく、畜舎、農作物、食品、工場、

クリーン・リフレの生成装置「クリーン・ファイン」

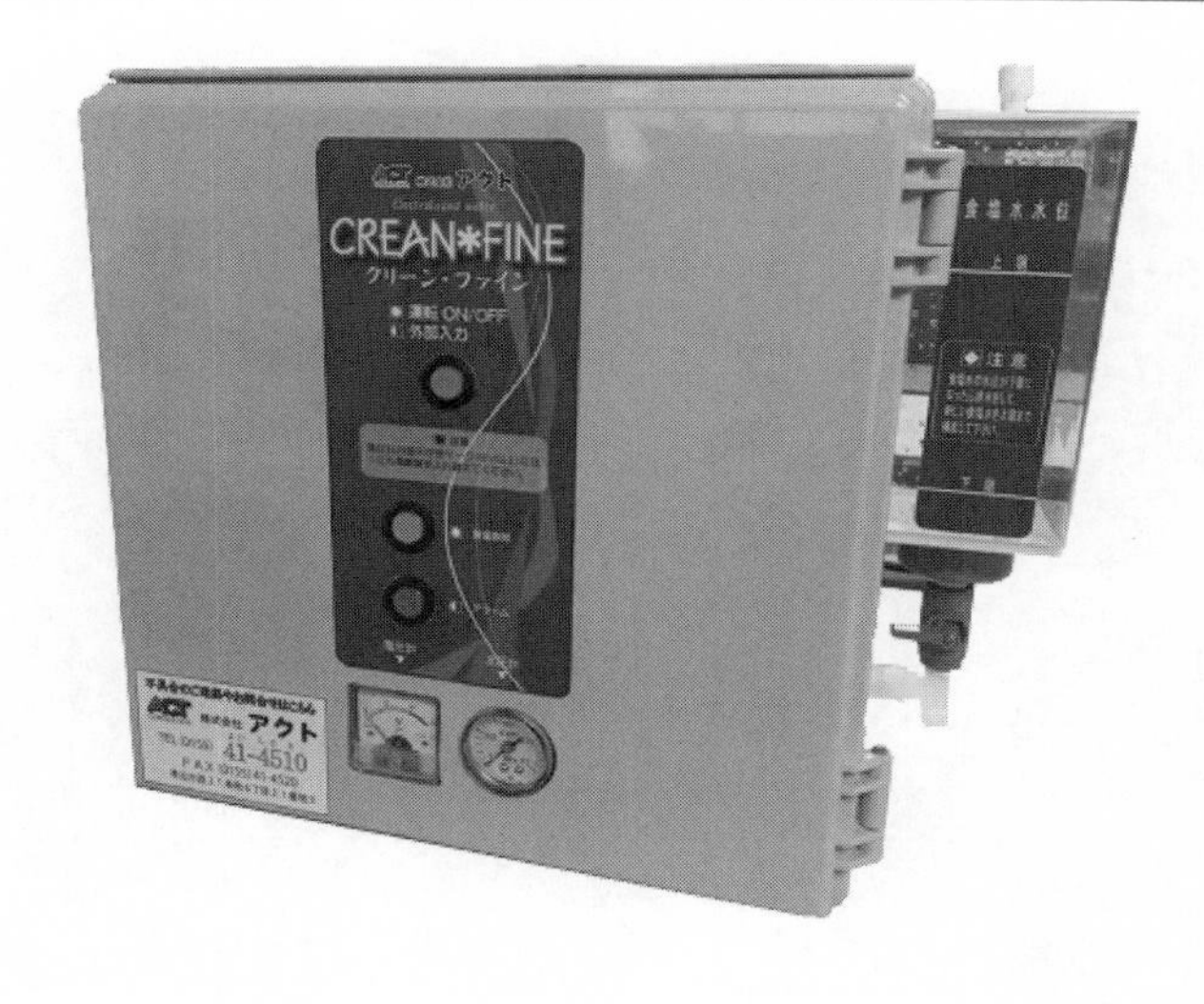

保育施設、介護施設などの洗浄・除菌に活用されています。

農業施設だけでなく家庭やオフィス、工場などへも用途が広がる

【上】クリーン・リフレ各種。
【左】机上や車内、飛行機内でも安全に除菌。

第4章

次亜塩素酸水は、なぜ「安全性」と「有効性」を両立できるのか？

「安全性」と「有効性」を両立。口に入っても害はない除菌水

「二兎を追う者は一兎をも得ず」という諺があります。

「2羽の兎（うさぎ）を同時に捕まえようとする者は、結局は1羽も捕まえられない」、転じて、「欲張って、2つの物事を同時になし得ようとすると、どちらも失敗したり、中途半端に終わったりする」という意味です。

ですが私は、農業施設において、二兎を追い続けています。

「安全性」と**「有効性」**の2つです。

農薬や消毒薬は、「病害虫・雑草による収穫の減少を防ぐ」ために必要です。
ですが一方で、強い毒性を持つもの、環境汚染につながるもの、使っているうちに効かなくなるものなどがあります。
「農業＝命」と考えるアクトにとって、消毒・除菌効果が高くても、安全性を犠牲にはできません。私は常に、安全性と消毒・除菌効果を「セット」で考えています。

クリーン・リフレ（電解無塩型次亜塩素酸水）は、「安全性と有効性を両立させる」という難題をクリアした除菌水です。

クリーン・リフレのコンセプトは、

「口に入っても害はない」
「飲める水で除菌する」

です（飲み物ではありません。間違って飲んでも問題が発生しないとの意味です）。

前述したように、次亜塩素酸水については、「新型コロナウイルスには効果がない」

という「間違った認識」が広まったこともありました。誤報・誤解の理由のひとつとして、次亜塩素酸水ではない液体が次亜塩素酸水として出回り、その液体の効果が疑問視されたことがあげられます（ＮＩＴＥの第一報で次亜塩素酸水の効果について疑問視され、効果は保留されました）。

次亜塩素酸水という名称は、多義的に使用されていて、検索するとさまざまな商品が表示されます。

しかし、次亜塩素酸水と称されている商品でも、その成分や効能、安全性や使い勝手などが異なったり、科学的に見て首をかしげたくなる商品が見受けられます。

アクトは電解無塩型次亜塩素酸水「クリーン・リフレ」を販売していますので、次亜塩素酸水について説明する義務があると考えています。

そこで本章では、できるだけわかりやすく、

「次亜塩素酸水とは何なのか」

「どうして次亜塩素酸水は、安全でありながら有効なのか」

について説明します。

食品添加物に指定されているものと、されていないものがある

次亜塩素酸は、もともと、人間の体の中で用いられている物質です。

私たちが摂取した「塩」は、人間の体内で、「ナトリウム」と「塩素イオン」に分かれて存在しています。

血液に溶けた塩素イオンは、次の2つの役割を果たします。

①胃酸となって、細胞を消毒する
胃で食べ物を消化したり、殺菌したりします。

②外部から侵入した異物を除去する

私たちの体の中で好中球（白血球の一種）が次亜塩素酸をつくり出し、細菌やウイルスなどの病原体を攻撃するのに用いています。

次亜塩素酸水の有効成分である次亜塩素酸は、日々、私たちの体内で活躍しているものです。

そして**人工的につくった次亜塩素酸の水溶液が、次亜塩素酸水**です。

食塩を溶かした水を食塩水と呼ぶように、次亜塩素酸水には、微量の次亜塩素酸が溶けています。

食品添加物として指定されている次亜塩素酸水には、明確な規定があります。

①電気分解でつくられている

②pH2・2～7・5

③塩素濃度10～100ppm

以上が食品添加物（殺菌料）としての次亜塩素酸水の規定です。

この規定を満たさないものは、次亜塩素酸水と言ってはいけません。よって、次に説明する2液混合や粉を溶かしてつくるもの（ジクロロイソシアヌル酸ナトリウム）は次亜塩素酸水ではありません。

・次亜塩素酸水（電解法）

塩化ナトリウム水溶液、または塩酸を専用の装置で電気分解する方法。この方法でつくられたものが次亜塩素酸水です。

・2液混合法

食品添加物として認められているのは、**「電解法」**によってつくられた次亜塩素酸水です。厚生労働省は、

「食塩水または塩酸を電解することにより得られる、次亜塩素酸を主成分とする水溶液である」（pHと有効塩素濃度が一定範囲にあるものに限る）

と定義しています。

2液混合法でつくられた水溶液は、水溶液中で化学反応が生じていると考えられているため、**食品添加物としての販売は認められていません**（2液混合法で生成されたにもかかわらず、「食品添加物」と表示される商品があったとしたら、それはニセモノです）。

「食品添加物である次亜塩素酸ナトリウムと食品添加物である塩酸又はクエン酸等をあらかじめ混和した水溶液を販売することは、この当該水溶液中で化学反応が生じていると考えられることから、添加物製剤には該当せず、その販売は認められていない。」

（食安基発第０８２５００１号）

・食品添加物

食品衛生法では、

「『食品添加物』とは食品の製造過程で、または食品の加工や保存の目的で食品に添加、混和などの方法によって使用するもの」

と定義されています。**安全性とその有効性を科学的に評価し、厚生労働大臣が認めたものだけが食品添加物として使用できます。**

２液混合法は、電解法と違って混合する濃度が規制されていないので、混合を間違えると事故につながる危険性があります。しかし、製造が容易なため、混合して売ってはいけないのにもかかわらず、ＮＩＴＥや消費者庁などが指摘しているように、

「生成方法や原料を明記していないもの」

「危険性の高い薬液を薄めるなどして、次亜塩素酸水に近づけたもの」

が大量に出回りました。

一時期、「次亜塩素酸は効果がない」と否定的な意見が広まったのは、「2液混合法」でつくられた次亜塩素酸水の中に、安全性と有効性に根拠のない「ニセモノ」が含まれていたからです。近年消費者庁はすでに2回、数十件を摘発しています。

次亜塩素酸水の条件は明確に規定されている

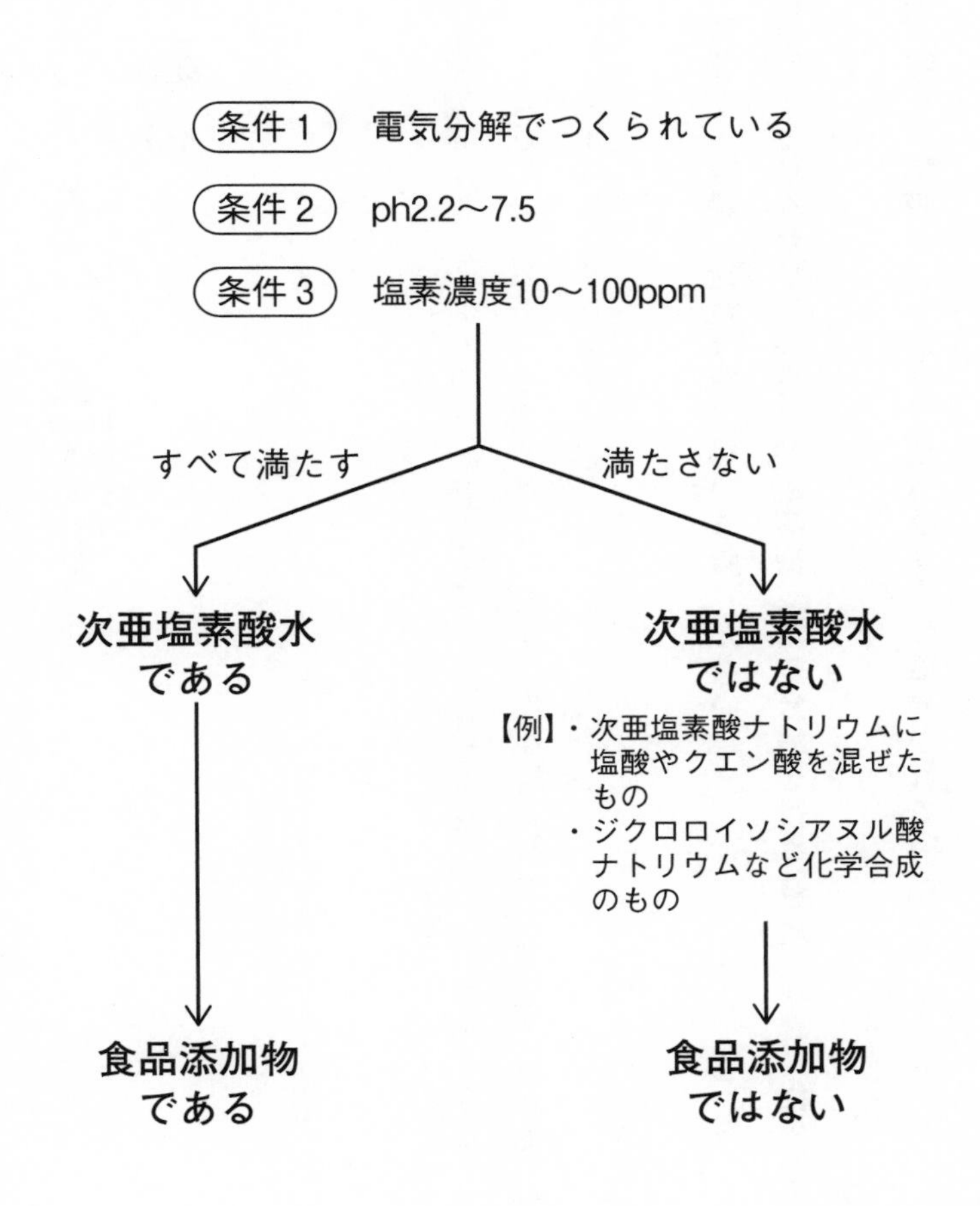

次亜塩素酸水の生成装置は、3種類ある

厚生労働省が指定する食品添加物としての次亜塩素酸水は、「食塩水などを電気分解して生成されたもの」と規定されています。次亜塩素酸水の製造装置（電気分解の装置）の種類は3つあります。

・一室型……隔膜（電気分解に用いる膜）がない

・二室型……隔膜がひとつあり、電解槽（電気分解を行う容器）が2つに分かれている

・三室型……隔膜が2つあり、電解槽が3つに分かれている

「室」とは部屋のことなので、部屋がひとつなのが一室型、部屋が2つに分かれているのが二室型、部屋が3つに分かれているのが三室型です。

アクトのクリーン・ファイン（次亜塩素酸水の生成装置）は、三室型です。

・一室型と二室型

……生成された電解水の材料に用いた塩化ナトリウムが次亜塩素酸水中に残る（サビがつきやすい）

塩素ガスが発生する

一室型の次亜塩素酸水はその都度生成する。数時間で有効塩素濃度がなくなり効果が持続しない。

二室型で生成した次亜塩素酸水は、有効塩素濃度が下がりやすく、実験では30日で有効塩素濃度が0になってしまったという実験結果があります。

・三室型

……生成された次亜塩素酸水は、食塩の含有量がきわめて少なく、次亜塩素酸と塩化水素以外の不純物がほとんど含まれていない

塩素ガス発生が極めて少なく（左下グラフ）危険性もなくサビの心配も少ない

クリーン・リフレは30日経ったあとでも、有効塩素濃度は実験で約8％しか下がらないので、長期保存が可能である。

一室型、二室型よりも三室型でつくったクリーン・リフレは有効塩素濃度が下がりにくく、取り扱いを注意すれば数カ月保存ができ、除菌効果が高いことを確認している。

アクトのクリーン・リフレは、三室型の電解法によってつくられた「電解無塩型次亜塩素酸水」です。

2液混合法や粉からつくるものとは違います。電気分解以外の方法で生成された商品の中には、次亜塩素酸水と言ってはいけないものや、製造方法や成分などの素性が

次亜塩素酸水生成装置の種類と三室型のpH

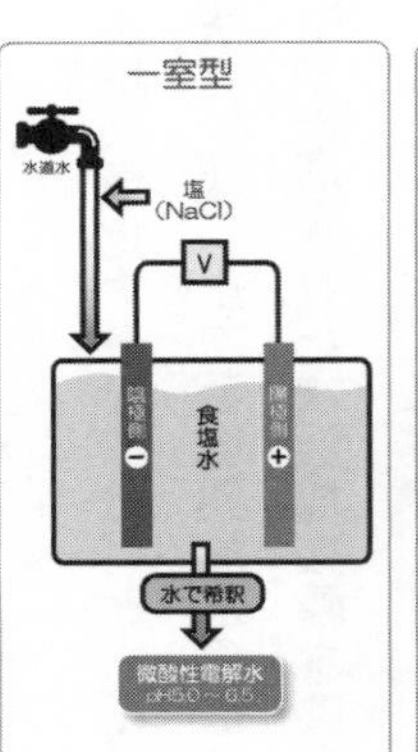

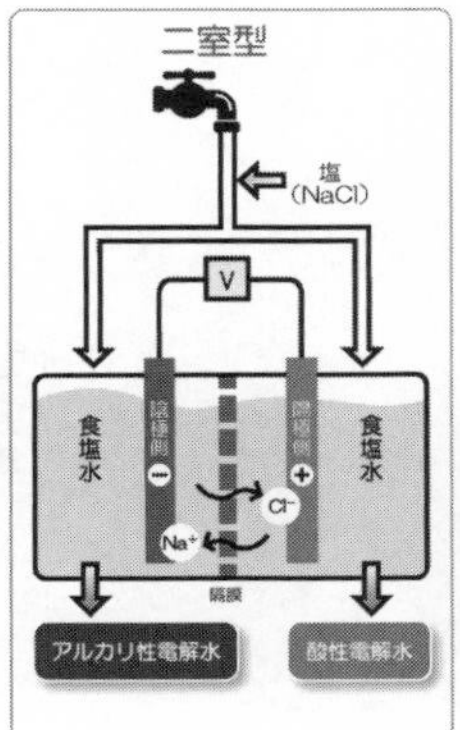

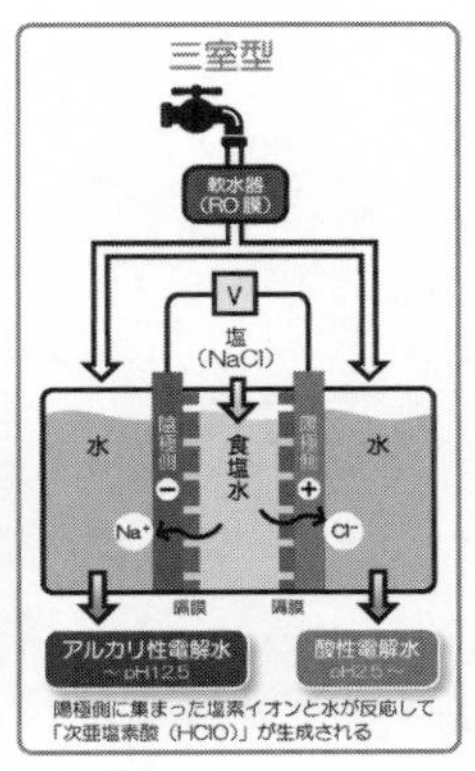

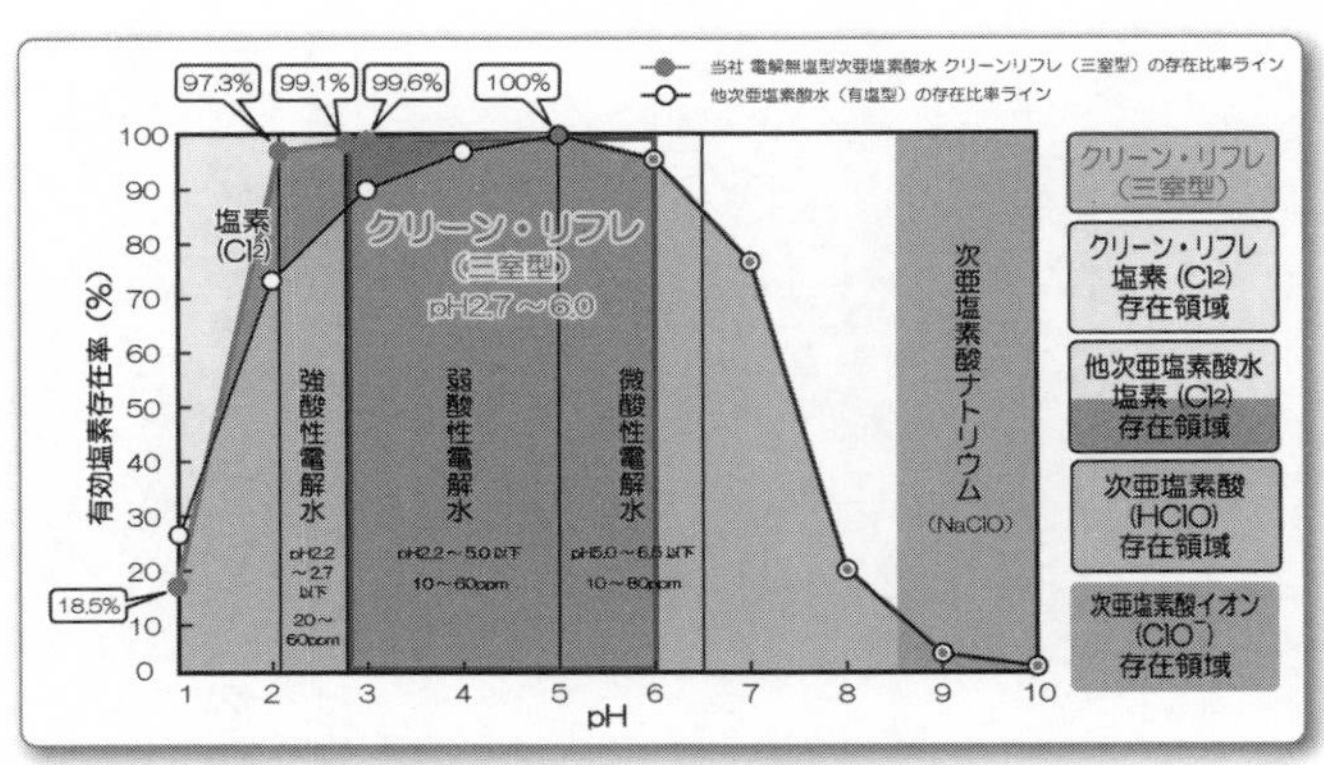

次亜塩素酸（HClO）の存在比率のpH依存性

明確でないものも多いため、

「原料は塩（塩化ナトリウム）と水だけである」

「電解法で生成した次亜塩素酸水のほうが、素性がはっきりしていて、信頼できる」

「電解法で生成された次亜塩素酸水の中でも、三室型でつくられたものは質が高い」

とアクトは考えています。

製造法、原料、成分が明記されていない次亜塩素酸水を買ってはいけない

次亜塩素酸水と称して販売しているものであっても、製造法や組成はまちまちで、副次的（余計）な成分が入っているものもあります。

次亜塩素酸水を使う場合は、信頼のおける会社が電解法で製造し、有効塩素濃度などの規格を明確に表示してあるものを使用するのが基本です。

2020年12月、大手通販サイトで販売されている次亜塩素酸水「7商品」の有効塩素濃度が、

「表記されている数値より下回っている」

「なかには限りなくゼロに近いもの・検出されない商品もあった」

として、消費者庁は景品表示法に基づく措置命令を下しました。

こうしたニセモノをつかまされないための「次亜塩素酸水の選び方」は次のとおりです。

【次亜塩素酸水の選び方】

・「次亜塩素酸水」と「次亜塩素酸ナトリウム」を間違えない

次亜塩素酸ナトリウムと次亜塩素酸水はまったくの別物です。**次亜塩素酸ナトリウムを水で薄めても次亜塩素酸水にはなりません**（161ページ以降で詳述します）。

・電解法によってつくられたもの

厚生労働省が食品添加物として認可している次亜塩素酸水は、電気分解によって生成されたものに限られています。

食品添加物であることは、次亜塩素酸水の安全性を示すひとつの基準です。2液混合法で生成された次亜塩素酸水（正確には次亜塩素酸水とは言ってはいけないものです）にも、安全性や効果が立証されているものもあります。

しかし一般的に2液混合等は、高い濃度のものが容易につくれるため、１００ｐｐｍを超える濃度のものをそのまま使うと、手荒れや健康に害を及ぼす可能性があります。

電解法によって生成された10～１００ｐｐｍ程度の有効塩素濃度の次亜塩素酸水であれば、数多くの実験等により、安全性と効果が確認されているため、安心して使用できると考えています。

・原料が記載されている

電気分解に必要なのは、「塩（塩化ナトリウム）」と「水」です。原材料に「次亜塩素酸ナトリウム」や「希塩酸」の記述がある場合は、食品添加物と認可されたものとは異なります。

・濃度が記載されている

濃度が書かれていない次亜塩素酸水は、安全性が確認できないため、選んではいけません。

・使用期限（保存期限）、製造年月日が記載されている

電解法によって三室型で生成された次亜塩素酸水（クリーン・リフレ）の使用期限（保存期限）は、3〜6カ月程度です。

・遮光性のある容器に入っていること

次亜塩素酸水は、紫外線に当たることで急速に劣化します。透明なボトルに詰められていると早い段階で効果がなくなるので、遮光性のある容器（光を通さない容器）に入っているものを選びます。

電解無塩型次亜塩素酸水(クリーン・リフレ)の特徴

【メリット】
・塩分がごく微量である
・殺菌力が強力で、ほとんどの菌、ウイルスに効果がある
・塩素臭が少ない
・耐性菌をつくらない
・MRSA(メチシリン耐性黄色ブドウ球菌)のような耐性菌にも効果がある
・残留物がほとんどない
・傷にしみない
・食品添加物としての次亜塩素酸水の規定を満たす
・特定農薬(農作物、人畜、水産植物にも害がない)
・使用後は水に戻るので環境にやさしい
・中和も簡単で、廃棄も容易
・強力な消臭効果がある
・誤って目に入ったり、誤飲しても問題が発生しない
・原料が水と塩なので経済的

【デメリット】
・紫外線に弱い
・有機物に触れるとすぐに不活化する(水に戻る)
・表面積を広くすると不活化が早い
・冷暗所保存でも1カ月で有効塩素が8%減少する
・酸性度の高いものは砲金を腐食する
・アルカリ度の高いものはアルミニウムを変色させる(クリーン・リフレには、酸性、中性、アルカリ性のものがあります)

次亜塩素酸水と次亜塩素酸ナトリウムは「別もの」である

次亜塩素酸水に似た名称の成分に、「次亜塩素酸ナトリウム」があります。
「次亜塩素酸」という同じ言葉が使われているため、「似ている」「同じものである」と思われがちです。

ですが、**2つは「まったく違うもの」です**。

どちらも、塩素によって殺菌効果を発揮しますが、性質や効果を発揮する濃度、安定性などに大きな違いがあります。

次亜塩素酸ナトリウムは、おもに塩素系漂白剤（代表例は、ブリーチ、ハイター）

として使用されています。

次亜塩素酸ナトリウムは、次亜塩素酸水よりも「ｐＨ（ペーハー）」が高く（強アルカリ）、次亜塩素酸水とは除菌のメカニズムも異なります。

ｐＨとは、その液体が酸性なのか、アルカリ性なのかを表す尺度です。

ｐＨ7が中性で、ｐＨ値が低いほど酸性が高く、ｐＨ値が高いほどアルカリ性が高いということになります。

・次亜塩素酸ナトリウム

……ｐＨが高く強アルカリ性

・次亜塩素酸水

……次亜塩素酸ナトリウムよりもｐＨが低く（強酸性・弱酸性・微酸性）通常はｐＨ2・2〜7・5

【参考】
・水道水のｐＨ……５・８～８・６
・健康な人の肌のｐＨ……４・５～６・０

たとえば、アルカリ性の石鹸は洗浄力が高く、汚れもしっかり落とします。しかし人の肌は弱酸性なので、人によっては肌に刺激を感じることがあります。

次亜塩素酸ナトリウムは、強アルカリ性です。

皮膚や粘膜への刺激が強く、たんぱく質を溶かすために、手指の消毒など、人体に直接使うことはできません。
・使用にあたってはマスクや手袋を着用する
・目的に応じ薄めて使用する
など、取り扱いには十分注意が必要です。

その代表格であるブリーチやハイターには必ず次のような表記があります。

「混ぜるな危険」「炊事用手袋使用」「目に注意」「有害な塩素ガスが出て危険」「皮膚

刺激」

次亜塩素酸水と、次亜塩素酸ナトリウムは、ノロウイルス対策として効果を発揮する「有効塩素濃度」も違います。

塩素の濃度は「ｐｐｍ（ピーピーエム）」で表示されます。

次亜塩素酸ナトリウムを主成分とした塩素系漂白剤を薄めて使用する場合、効果を発揮する濃度は「１０００ｐｐｍ」程度あるいはそれ以上で１００％効果を示す実験があります。

この濃度はとても高く、強力な殺菌作用がある一方、強い漂白作用や刺激作用があるため、**安全性について注意が必要です**。また、臭いもきついものになります。

次亜塩素酸水の有効塩素濃度は、「10～100ｐｐｍ」です。

ノロウイルスに関しては有機物が多量になければ**「20ｐｐｍ」**で１００％の効果を示す実験データがあり、低濃度なので皮膚に触れても安全です。つまり、ノロウイルスに対しては、次亜塩素酸ナトリウム1000ppmと次亜塩素酸水20ppmとが同じ効果をあげるわけです。薄くても「効く」。なんと50分の1で効果があるのです。新型コロナウイルスに対しては**「塩素濃度が35ppm以上」**などの一定の条件を満たせば十分な効果があります。

・次亜塩素酸ナトリウム

……強アルカリ性。高濃度で使用しなければ効果がない。長期保存ができるが取り扱いに注意が必要

・次亜塩素酸水

……酸性。低濃度で十分な効果。水道水のように気軽に使えるが、長期保存は難しい

厚生労働省・経済産業省・消費者庁の特設ページ「新型コロナウイルスの消毒・除菌方法について」には、次亜塩素酸水と次亜塩素酸ナトリウムの違いについて、次のように明記されています。

「『次亜塩素酸ナトリウム』と『次亜塩素酸水』は、名前が似ていますが、異なる物質ですので、混同しないようにしてください。

『次亜塩素酸ナトリウム』は、アルカリ性で、酸化作用を持ちつつ、原液で長期保存ができるようになっています。ハイターやブリーチなどの塩素系漂白剤が代表例です。

『次亜塩素酸水』は、酸性で、『次亜塩素酸ナトリウム』と比べて不安定であり、短時間で酸化させる効果がある反面、保存状態次第では時間と共に急速に効果がなくなります」（引用：「次亜塩素酸ナトリウム」と「次亜塩素酸水」について）

電解無塩型次亜塩素酸水（クリーン・リフレ）は、「密封して冷暗所で保管」という条件を守れば数カ月の保存が可能です。

次亜塩素酸ナトリウムを薄めても、次亜塩素酸水にはならない

次亜塩素酸ナトリウムを主成分とした塩素系漂白剤（ハイターやブリーチなど）を薄めたり、他の成分と混ぜ合わせたりしても、次亜塩素酸水にはなりません。

次亜塩素酸ナトリウムを水で薄めたものは、**次亜塩素酸水ではなく、次亜塩素酸ナトリウム水溶液です**。水溶液とは、物質が水に溶けている液体のことです。

「ハイター」「キッチンハイター」は花王株式会社の製品です。花王公式ウェブサイトの「製品Q＆A」には、

「ハイターやキッチンハイターから次亜塩素酸水をつくることはできない」

と明確に記されています。

「『次亜塩素酸水』は殺菌料の一種であり、塩化ナトリウム水溶液又は塩酸を電解することにより得られる次亜塩素酸を主成分とする水溶液です。液性は酸性で、用途などによって微酸性、弱酸性，強酸性などに調整されています。

『ハイター』と『キッチンハイター』は次亜塩素酸ナトリウムを主成分とした塩素系漂白剤で、液性は非常に強いアルカリ性です。

成分、液性ともに『次亜塩素酸水』とは異なりますので、これらの製品を薄めても『次亜塩素酸水』を作ることはできません。また、他の成分と混合することで『次亜塩素酸水』を作ることができるかどうかの確認もしておりません。

『ハイター』と『キッチンハイター』を薄めた液や、他の成分と混合した液を『次亜塩素酸水』の代わりに使用することは避けてください。思わぬトラブルを招く場合があります」

（引用：花王株式会社　公式ウェブサイト「製品Q＆A」「ハイター」や「キッチンハイター」から次亜塩素酸水が作れるの？」）

次亜塩素酸水のメリットとデメリット

電解法によってつくられた次亜塩素酸水は、高い殺菌力を持つとともに、食品添加物に指定されています。安全で除菌効果も高い。ただし、良いことばかりではなく、使用するにあたっては注意しなければいけないこともあります。

次亜塩素酸水のメリットとデメリットは、次のとおりです。

【次亜塩素酸水のメリット／デメリット】

◎メリット

・数多くのウイルスや細菌に大きな効力を発揮する（製品評価技術基盤機構が発表し

た資料によると、新型コロナウイルスに対しては、「有効塩素濃度が35ｐｐｍ以上の次亜塩素酸水に20秒以上浸せば効力がある」とされている）

- **人体にとって安全である**（食品添加物としての規格を満たす次亜塩素酸水は、さまざまな毒性試験、刺激試験において安全が確認されている）
- **人の健康を害するおそれがない**
- **誤って飲んだり、皮膚に直接かかったりしても健康被害につながらない**
- **手指の洗浄・消毒に使っても手荒れしにくく、水道水のような感覚で手軽に使える**
- **生体に残留・蓄積することがない**
- **トリハロメタンの生成や食材洗浄液の残留もほとんどない**
- **自然環境で速やかに分解されるので、環境にやさしい**
- **わずかな塩素臭、刺激臭しかしない**
- **金属の腐食性が少ない**（とくに、三室型の装置でつくられた次亜塩素酸水）
- **抗生物質と異なり、耐性菌をつくる恐れがない**（抗生物質を使い続けていると、細菌の薬に対する抵抗力が高くなって、薬が効かなくなることがある。薬への耐性を

持つ細菌を耐性菌と呼ぶ）

・誤って目に入ったり、飲み込んだりしても特に問題が発生することはない

・廃棄処理方法が容易である

・三室型（クリーン・リフレ）は、安定性が高く、長期間物性を維持できる

（参考：「次亜塩素酸水総論」堀田国元他）

◎デメリット

・次亜塩素酸はとても不安定な物質なので、高い熱や強い光にさらされると数日持たずに分解して効果がなくなる

・「消費期限」があるものとして取り扱い、使用しない場合は密閉容器に入れて、冷暗所で保存する必要がある。保管のポイントは、「使用したい有効塩素濃度より少し高めの次亜塩素酸水」を、密閉容器に満杯に近い状態で入れ、光が当たらないようにして、低温で静かなところで保管。製造工程が良く管理されていて品質の良い（余計な成分が入っていない）次亜塩素酸水（三室型、クリーン・リフレ）の場合、

密閉容器に入れて「10℃程度」の温度で暗所保存した結果、1カ月経って8％落ちただけという当社の経験則がある。「透明容器に入れ、直射日光に当て続けた場合」は1〜2日ほどで効力を失う。

- **有効塩素濃度が高いものほど細菌などを殺傷する能力も高いが、高すぎると皮膚などに対する刺激が強くなる。**（次亜塩素酸水は１００ｐｐｍ以下です。それを上回るものは次亜塩素酸水ではありません）
- **次亜塩素酸水で除菌する場合は、油汚れなどを落としたあとに行う必要がある**（強い油汚れでなければ、洗浄作業も次亜塩素酸水やクリーン・リフレのアルカリ水で行うことが可能）

人体に悪影響を与えることなく、ほとんどの菌を除菌する「クリーン・リフレ」

アクトのクリーン・リフレは、三室型の次亜塩素酸水生成装置「クリーン・ファイン」で食塩水を処理して得られる「酸性電解水」（電解無塩型次亜塩素酸水）です。

クリーン・リフレの特徴は、次のとおりです。

【クリーン・リフレの特徴】

・クリーン・リフレの有効塩素濃度は、「35〜60ｐｐｍ」（出荷時）、ｐＨは「２・７〜５程度」（出荷時）。

この値は、厚生労働省の食品添加物として指定する「弱酸性次亜塩素酸水」に相当し、比較的皮膚などへの刺激が少なく、安全性が高い。

塩素濃度50ppm程度であれば、人の皮膚（手など）を直接洗浄するのに向いているといわれている。アルコールや逆性石鹸などの一般的な消毒剤と比較すると、クリーン・リフレの刺激はほとんどない。

・有効塩素濃度は低めだが、バクテリアやウイルスなどの微生物にとっては致命的。有効塩素濃度が30ppm程度という薄めのクリーン・リフレでも、ウイルスを減らす効力が大きい。

・金属のサビなどを引き起こす塩害の元にはならない。

・pHと有効塩素濃度を除けば「食品製造用水（飲用適の水）」の成分基準を満たしている。万が一、少量が間違って口の中に入っても安全。

・アルコールや次亜塩素酸ナトリウムとは違い、気化式の加湿器に使用しても問題はない。

アクトでは、各種大学や研究機関と連携し、口蹄疫ウイルス、鳥インフルエンザウイルス、PED、豚熱（豚コレラ）、ヨーネ菌、サルモネラ菌、マイコプラズマなど、家畜伝染病の除菌効果の実証を行なっています。

共同研究を通じてアクトが独自に効果を確認した病原体も数多くあります（203ページの表「次亜塩素酸水の除菌試験での効果」を参照）。

帯広畜産大学との共同研究で新型コロナウイルスに対する効果を確認して国際誌で公表したことは、特筆すべき成果だと考えています。

農業以外の施設でも活躍するクリーン・リフレ

クリーン・リフレは、各種施設、予備校、教室、家庭での空間除菌のほか、農作物への散布、家畜や畜舎への噴霧、食品加工工場での食品の洗浄や機械・器具の除菌などに使われています。

【導入事例①】
広尾町立広尾中学校（北海道広尾町／松橋達美校長）

国内最大規模のオオバナノエンレイソウ群落の環境学習を実施するなど、北海道の自然環境保全に力を入れている中学校です。

◎導入の経緯

「2013年ごろ、帯広市内の学校に勤務していたとき、内海社長から『次亜塩素酸水を使った加湿器があり、さまざまなウイルスの対策になる』とうかがいました。

学校では毎年インフルエンザ対策に頭を痛めており、それまでは各教室に加湿器を1台置き、生徒たちが当番制で水を補給していました。

しかし、水による加湿だけではウイルス対策には不十分なため、いざインフルエンザが流行し出すと、教室内での感染が止められない状況でした。

そこで、『少しでも予防効果が期待できるのであれば……』という思いで導入しました」（松橋校長）

◎導入後の変化

「はじめて加湿器を設置したのは、インフルエンザの罹患者が数多く出た3年生の教室でした。

当初『そのくらいで変化があるものか』という冷ややかな目で見られていましたが、その年はいつもと違って罹患者の出足が鈍く、担任からも**『今年は流行してないのかな』**という声が出ました。3年生の教室にだけ置いていましたが、他の学年でも、例年に比べて罹患者数が減少しました。

隣の小学校で罹患者が出はじめたときも、家庭内感染と思われる罹患者は出たものの、教室内で感染したと思われる罹患者はいませんでした。**市内の他の学校で学級閉鎖や学校閉鎖が出ていたときにも、私たちの学校は閉鎖することなく、授業を続けることができました。**

現在は、新型コロナウイルス感染防止対策として、私の責任の下、生徒が使う玄関前で加湿器を使用しています。

町内の感染者が出ていないので現時点で効果を明確には確認できませんが、コロナばかりでなく、**インフルエンザもしっかり防止してくれる**ものと期待をしています」

（松橋校長）

【導入事例②】

株式会社道東接骨院（北海道帯広市／小岩盛秋社長）

道東接骨院グループは、地域密着（北海道・十勝を中心）を目標とした医療を目指す接骨院です。

長年の治療経験から開発された独自の施術システムによる「骨盤矯正」や「インナーマッスル療法」「カイロプラクティック」により、身体を多角的なアプローチで治療しています。

◎導入の経緯

「接骨院は高齢者の方が多く、とくに秋から冬にかけては、インフルエンザや風邪などの感染に注意が必要です。当グループでは、クリーン・リフレ導入前から、『加湿器や空気清浄機の設置』『手洗い、ふき取り消毒』といった感染対策を徹底していましたが、コロナ禍を踏まえ、さらに万全を期す上で、クリーン・リフレの導入を決め

ました」（小岩代表）

◎導入後の変化

「クリーン・リフレは『噴霧』の様子が目に見えるため、患者様に安心していただけています。

患者様から**『新型コロナウイルス対策をここまできちんとしているところは、ほかにはないので、安心して通える』『臭いがなくなった』**とお褒めの言葉をいただいたこともありました。患者様に当グループの『安全性』をご理解いただけていると思います。

また、これまで**施術用ベッドはアルコール消毒をしていましたが、アルコールだとベッドが傷んでしまう。クリーン・リフレにかえてからは、傷まなくなったという効果もありました。**

社員も、クリーン・リフレを導入したことで、新型コロナウイルス対策への意識が高くなったと思います」（小岩代表）

【導入事例③】

ニュー阿寒ホテル（北海道釧路市／新妻英司支配人）

北海道の阿寒湖畔に建つ温泉リゾートです。湖面との一体感を味わえる天空ガーデンスパが人気です。

◎導入の経緯

「当館では、かねてからノロウイルス対策に注力しておりました。新型コロナウイルスの登場により、両ウイルスに効く消毒液を探した結果、クリーン・リフレの導入となりました」（新妻支配人）

◎導入後の変化

「エントランス（足踏みディスペンサー）、フロント・会議室・事務所（加湿器）に配置したところ、お客様への安全と安心を確保できました。実際にお客様から『対策

がしっかり取れている』という好意的なご意見をいただいています」（新妻支配人）

【導入事例④】

真和楽器株式会社（愛知県犬山市／河上道明社長）

真和楽器株式会社は、1965年にヤマハ特約店として創立。ヤマハ音楽教室・ヤマハ英語教室・ピアノ教室、中古ピアノ買取り及び輸出事業などを運営しています。ヤマハピアノをはじめ、鍵盤楽器30台を展示する地域最大規模のピアノショールーム、同じく1万冊の楽譜の品揃えを誇ります。

◎導入の経緯

「新型コロナウイルスの拡大により、3カ月、音楽教室の自粛を余儀なくされました。自粛期間中にアクト様の動画を拝見し、クリーン・リフレの効果を確信。音楽教室の再開に際し、『教室に通う子どもたちの感染対策を考えたとき、手指消毒、楽器のふ

き掃除、室内換気、だけで十分なのか』と疑問に思っていた矢先だったため、すぐに導入を決めました」（河上社長）

◎導入後の変化

噴霧をはじめたとき、『次亜塩素酸水の空間除菌の安全性』について疑問視をされたことがあります。「人体への噴霧は推奨しない」という報道も見かけました。

しかし、アクトの内海社長から**『人体への影響はない』**というお墨付きをいただき、継続利用をしています。お客様から『噴霧しても大丈夫ですか？』というお問い合わせをいただいたときは、『次亜塩素酸水と謳（うた）っている商品の中には、ニセモノがあること』『クリーン・リフレと他の商品の違い』『次亜塩素酸水と次亜塩素酸ナトリウム水溶液の違い』について丁寧に説明をして、ご理解いただいています。

第三者機関である帯広畜産大学の研究報告が発表されたことを受け、より安心に使用させていただいています。

当社では、21の教室すべてで、クリーン・リフレによる空間除菌を行っています。

さまざまな場面で感染防止・予防に使用されている

●道東接骨院

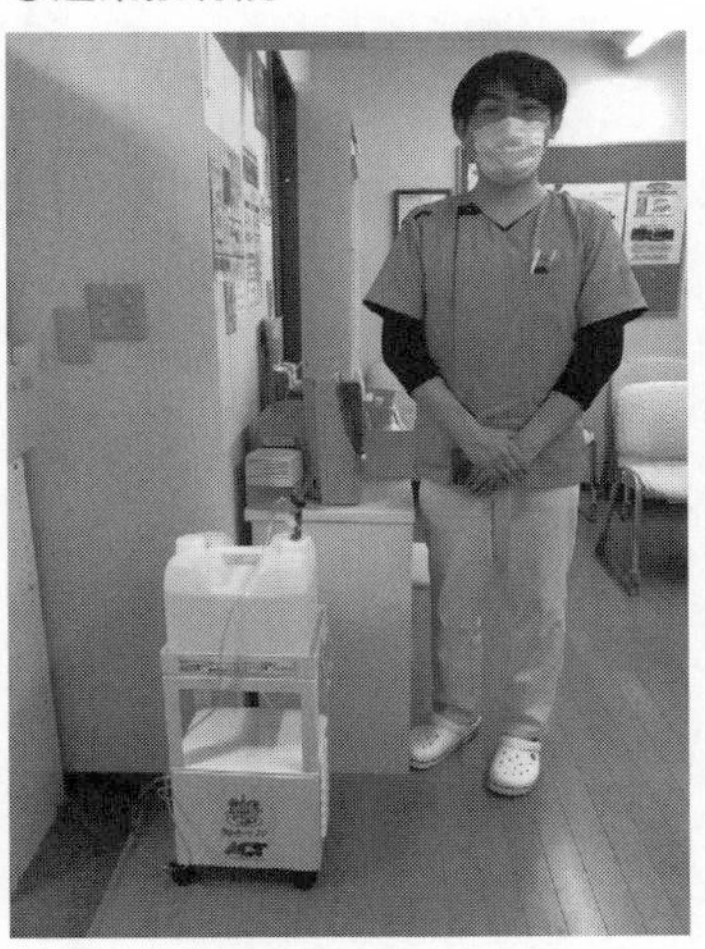

●ニュー阿寒ホテル

おかげさまで、**当教室関係者の中では、誰ひとりとして新型コロナウイルスに感染していません**」（河上社長）

【導入事例⑤】

O歯科（北海道／O院長）

「わかりやすい治療の説明」と、「痛みをともなわない治療」に注力する歯科医院です。

◎導入の経緯

「消毒用アルコールが品薄になったこと、機材にも使用できる消毒液が必要だったこと（アルコールは機材を傷める危険性がある）から、アルコールにかわる代替品を探していたところ、クリーン・リフレを知りました」（O院長）

◎導入後の変化

「原価がアルコールよりも若干安価なので多量使用ができること、**プラスチック製品に対する攻撃性が低いことがメリット**として挙げられます。

患者様からも好意的な意見が多く聞かれました。従業員も安全性に対して満足しています」(O院長)

【導入事例⑥】株式会社日商グラビア(千葉県八千代市/山下博正社長)

軟包装資材の製造・販売に半世紀近く携わっている会社です。グラビア印刷の周辺機器の自社開発にも取り組み、業界の発展に貢献しています。

◎導入の経緯

「はじめは、ノロウイルス対策としてクリーン・リフレを導入しました。ノロウイルスは、さまざまな消毒剤に対して高い抵抗性を持ち、アルコールでは効果が薄いと聞いたことがあります。以前は酸性の消毒液を用意していたのですが、非常に強い成分のため、手指など、人体に直接使用することはできませんでした。

そこで現在では、『**さまざまなウイルスを防ぎ、なおかつ、人体にやさしい消毒液**』として、クリーン・リフレを使用しています」(山下社長)

◎導入後の変化

「工場の入り口や靴を履き替える場所など、『人が通るところ』で空間噴霧したおかげで『インフルエンザが発症しても他の従業員に広まることがない』『下駄箱の靴の臭いが消えてしまった』などの効果があらわれています。

また、従業員の家族全員と、外注先にクリーン・リフレをスプレーボトルで配布したところ、新型コロナウイルスの感染者は、1年たった今も関係者からは出ていません。

汚れた空気をフィルターで吸い、きれいな空気にして出しているため、『**空気を洗う』という感覚でとても安心です**」(山下社長)

次亜塩素酸水を空間噴霧しても、安全なのか？

新型コロナウイルスの感染拡大により、**次亜塩素酸水の「空中噴霧」**についても多くの議論がなされました。

新型コロナウイルスやインフルエンザ予防の観点から、「室内の湿度を高めておく」ことが重要だと言われています。

湿度が低すぎると飛沫の拡散量が増え、湿度が高すぎると飛沫は下に落ちます。したがって、**湿度を40〜60%程度**に保ち、「ウイルスが活動しにくい環境」をつくることが大切です。

湿度を保つ目的で、「真水」（塩分などのまじらない水）を噴霧（加湿）することに、異論を挟む人はいないと思います。では、次亜塩素酸水の噴霧はどうでしょうか？

次亜塩素酸水は、水で薄めることにより有効塩素濃度を下げることが可能です。

仮に、有効塩素濃度「60ｐｐｍ」の次亜塩素酸水を空中に噴霧することが有害とするならば、塩素濃度がどこまで下がれば「無害」になるのでしょうか？

人体に無害になるまで水で薄めたとき、薄めた次亜塩素酸水は、ウイルスに効果があるのでしょうか？

その答えは、まだわかっていません。議論が巻き起こるのは、「わかっていないから」です。

このような問題に関して私たちが今すべきことは、「一刻も早く信頼のおけるデータを集めて、効果と危険性の両方を正確に判断すること」だと思います（アクトでは、大学などの研究機関とともに安全性の確認を進めています）。

「人体には無害で、ウイルスには有効」という次亜塩素酸水の濃度範囲と噴霧量・噴霧方法などが明らかになれば、数多くの感染を避けることが可能となるでしょう。

世界保健機関（ＷＨＯ）は、新型コロナウイルスに対する消毒に関する見解の中で、「消毒薬を空中噴霧するのは危険である」と警告しています。

しかしそれは、**次亜塩素酸水ではない、「別の消毒薬一般」についての話**です。

ＷＨＯが次亜塩素酸水の噴霧の危険性を確認しているわけではありません。

アクトでは、ほぼ10年前から社内でクリーン・リフレを気化式加湿器に使用して、空間除菌をしてきました。その結果、**10年間誰一人としてインフルエンザに罹患したものはいません**。また、6年前には、その効果は公的な研究開発資金をいただき、実験結果として報告書を提出しています。

アクトは**「空間除菌して表面除菌する」**（空間除菌により室内すべての物体の表面と空気を同時に除菌する）。これが、正しいと考えています。

しかし、いくら菌、ウイルスを除菌、不活化できても（劇薬を使えばできます）、人体に安全でなければ空間除菌をしてはいけません。

アクト未来研究所が行った「クリーン・リフレの気化式加湿器による室内物体の表

面除菌試験」データをご紹介します（193ページグラフ）。その結果、クリーン・リフレ原液やクリーン・リフレ原液を水道水で1：1に希釈したものは、どちらも30分で表面除菌を96％前後できることが確認されています（原液の性状はpH2・82、塩素濃度60ppm、ORP（酸化還元電位）1158）。空間除菌を行うことによって表面除菌が完成し、すなわち、感染を抑えることができるのです。

このように、クリーン・リフレの空間噴霧は室内にある物体の表面を除菌することに有効です。噴霧したクリーン・リフレの多くは最終的に床に落ちます。すなわち、最も病原体に汚染されやすいと言われている床の除菌を自動で効率的に行うことにより、室内での感染を抑えることに極めて効果的と考えられます。

室内の病原体の存在形態について一般に言われていることですが、罹患者がいる密閉空間は別として、空中に浮遊しているものは思っているほど多くはなく、床や壁、ノブなどの表面に付着して存在するものが多いと言われています。

空気中を漂っている病原体は、換気等で室外に追い出すことができますが、物体に付着しているものは消毒液を用いて頻繁に拭きとるくらいしか方法がありませんでし

クリーン・リフレ表面除菌試験データ

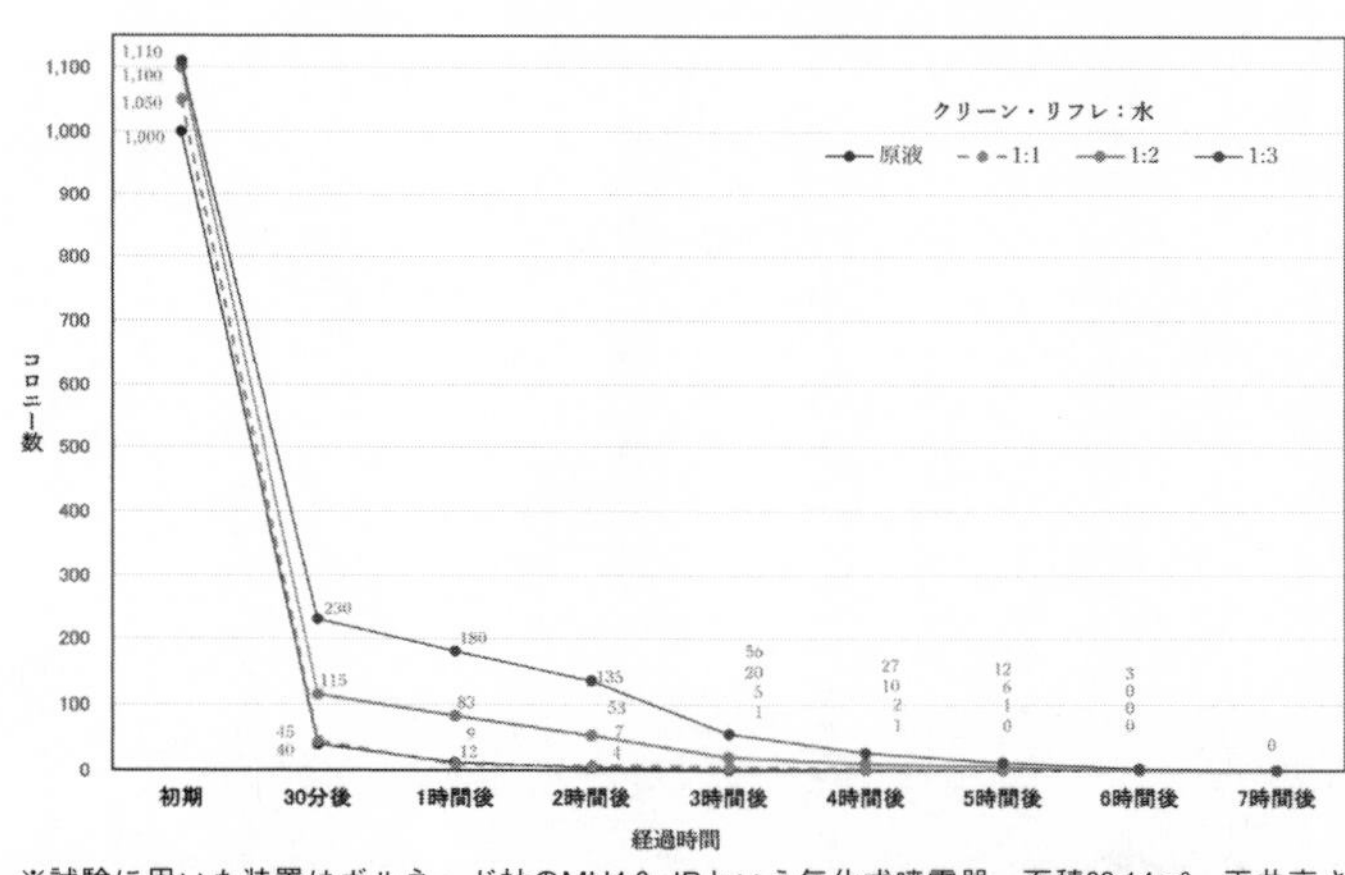

※試験に用いた装置はボルネード社のMH4.0−JPという気化式噴霧器。面積39.14m²、天井高さ2.67m、容積104.5m³の室内（家庭で使用することを想定し部屋の端）に装置を置き、装置の噴霧口から噴霧方向に4,060mm離れた机の表面（上向き）での除菌効果を調査。装置の噴霧口の位置は床表面より0.7メートル。

た。ＣｏＶＩＤ‐19の出現以来、病院や保養施設、育児施設、飲食店などでの手間暇は大変なものであったと容易に想像がつきます。

　高価な装置ではなく、市販されている気化式加湿器等でクリーン・リフレを空間に噴霧することで、この手間暇を大幅に省くことが可能になったわけです。

　これまでの数多くの報告が示すように、人体に安全で環境を汚染しない次亜塩素酸水。その中でも品質が高く素性のはっきりしたクリーン・リフレはアクト自身が研究機関の協力のもとに効果と安全性を確認してきました。新型コロナウイルスに限らず、ほぼすべての細菌やウイルスに対して有効で、耐性菌をつくらないクリーン・リフレを正しく上手に用いることで、これからの生活を守っていってほしいものです。

なお、クリーン・リフレを使用しての空間の塩素ガス濃度は、0・1ｐｐｍ（100ｐｐｂ）から0・12ｐｐｍ（120ｐｐｂ）であり、安全基準を大幅に下回ることが確認できています。

金鶴食品製菓株式会社（埼玉県八潮市／金鶴友昇社長）は、新型コロナウイルスの感染対策として、クリーン・リフレの空間噴霧を継続しています。

金鶴食品製菓は、世界のさまざまな産地で育ったナッツやドライフルーツを輸入し、加工・販売している会社です。

金鶴社長は、新型コロナウイルスの流行と同時に、「空間除菌ができる製品」を探しはじめ、「何が、何に適しているのかもわからないながら、とにかく手あたり次第、いろいろな商品を試していたものの、効果が期待できなかった」そうです。

一方、クリーン・リフレについては、次のように話しています。

次亜塩素酸水は安全基準を満たしているから、気化式加湿器で空間除菌と表面除菌を同時に行う

●空中噴霧の様子（動画）

「どうして効くのか、どうして安全なのかの根拠が明快なので、説得力を感じました。帯広畜産大学の検査データが公開されていることも、信頼を感じる一因でした。**当社では一切クラスターが起きていません**。このことが何よりの効果であると実感しています」（金鶴社長）

小山昇社長が代表を務める**株式会社武蔵野**も、社内の衛生対策の強化のため、クリーン・リフレを空間噴霧しています。全社支援本部の曽我公太郎さんは、クリーン・リフレ導入のメリットを次のように話しています。

「導入前、当社のコロナ対策はアルコール除菌のみでしたが、クリーン・リフレを使うことにより空中除菌もできるようになったのが大きなメリットです。**クリーン・リフレの原料は水と食塩だけなので体に優しく、アルコール除菌剤よりも安心して使えると感じています**。空中噴霧に気化式加湿器を使うことにも驚きました。空間噴霧をすると職場が『安全な空間』になるため、安心して仕事ができます。

おかげさまで、**クラスターも発生しておりませんし、インフルエンザの感染者もほとんど出ていません**」（曽我公太郎さん）

資料集

クリーン・リフレが安全で有効な理由

アクト取得特許・商標登録一覧

特許取得済み

・車両消毒装置	11 件
・浄化槽	8 件
・畜舎関係	4 件
・ソーラー関係	3 件
・空間消毒	1 件
・その他	4 件
小計	31 件

特許申請中

・車両消毒装置	2 件
・浄化槽	9 件
・畜舎関係	2 件
・ソーラー関係	4 件
・空間消毒	4 件
・堆肥関係	2 件
・その他	11 件
小計	34 件

商標登録　3 件

合計　68 件

次亜塩素酸水とは・・・

「次亜塩素酸水」をご存じでしょうか？聞いたことがあるけど、よくわからないという方がほとんどだと思います。そんな「次亜塩素酸水」についてご紹介していきましょう。

■次亜塩素酸水の元「次亜塩素酸」

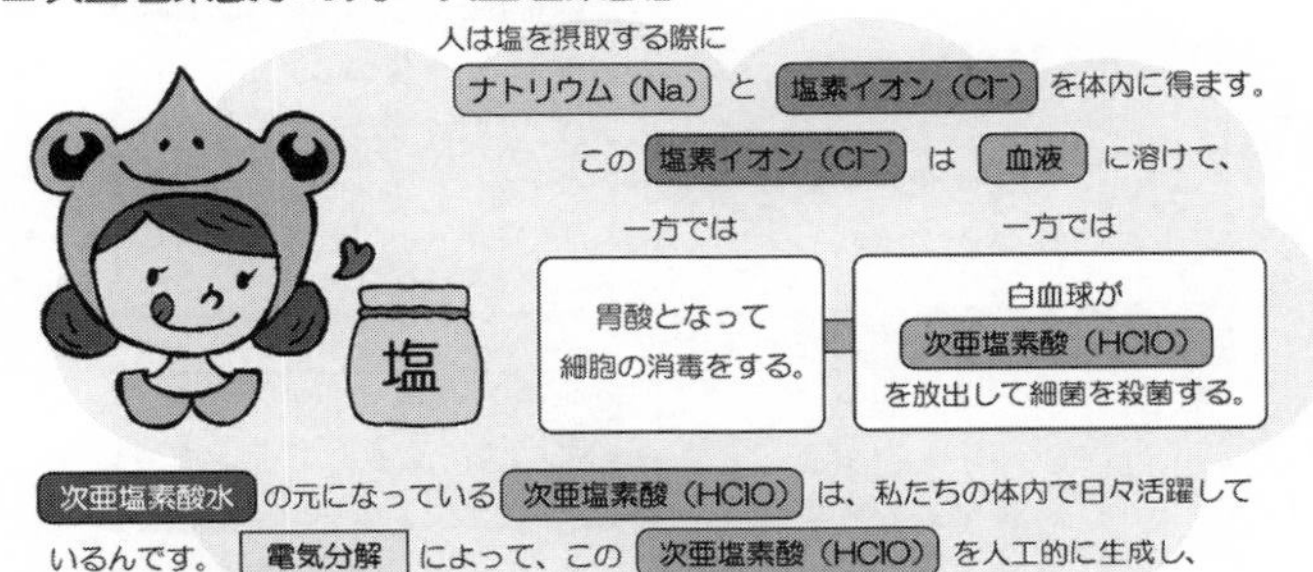

次亜塩素酸水の元になっている次亜塩素酸（HClO）は、私たちの体内で日々活躍しているんです。電気分解によって、この次亜塩素酸（HClO）を人工的に生成し、次亜塩素酸水として日常生活の除菌に活用します。

■次亜塩素酸水の除菌構造

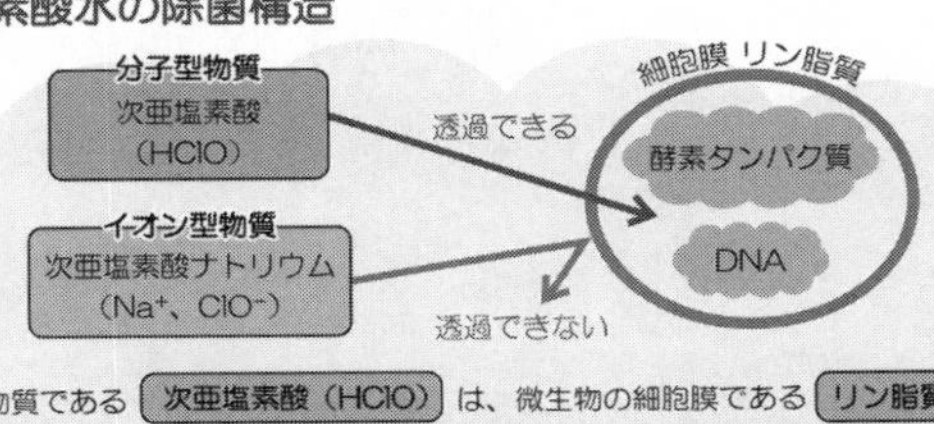

分子型物質である次亜塩素酸（HClO）は、微生物の細胞膜であるリン脂質を透過できます。そして透過した先にある、細胞の酵素タンパク質やDNAの結合を破壊することによって遺伝子の活動を停止させます。
反対に、イオン型物質である次亜塩素酸ナトリウム（NaClO）はリン脂質を透過できないため、細胞内部まで行くことができず、根本的な破壊はできません。

つまり・・・
次亜塩素酸水は、菌の細胞内部から破壊するので、
使い続けても耐性菌が出現することがありません。

次亜塩素酸水とは②

■食品添加物に指定されている「次亜塩素酸水」

塩酸（HCl）または塩化ナトリウム（NaCl）水溶液を、専用の装置で 電気分解 することによって得られる水溶液を、有効塩素濃度や成分の規格、使用の基準を定めたうえで、次亜塩素酸水 として食品添加物（殺菌料）に指定しています。

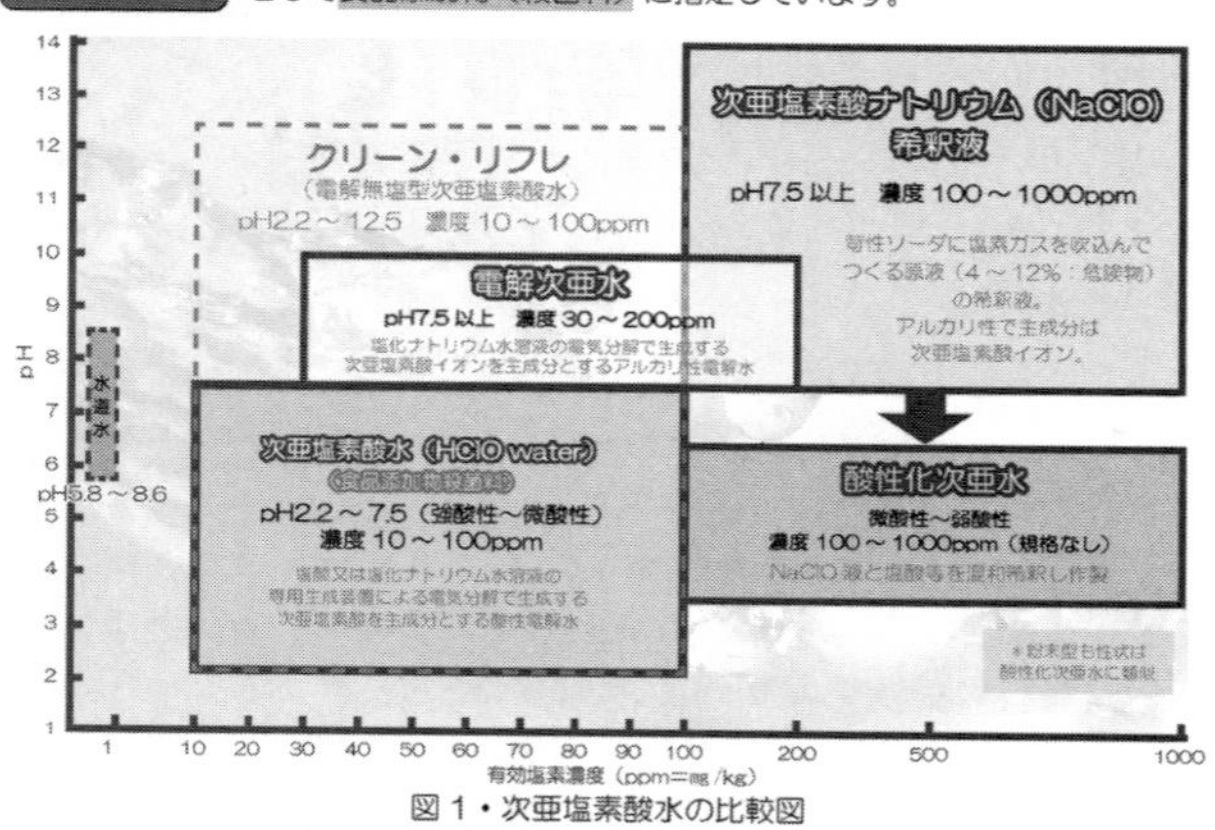

図 1・次亜塩素酸水の比較図

■規定外の「次亜塩素酸水」

現在、商品名を「次亜塩素酸水」として市販されているものの中には、食品添加物（殺菌料）の規定外のものが多く、混乱を招いています。

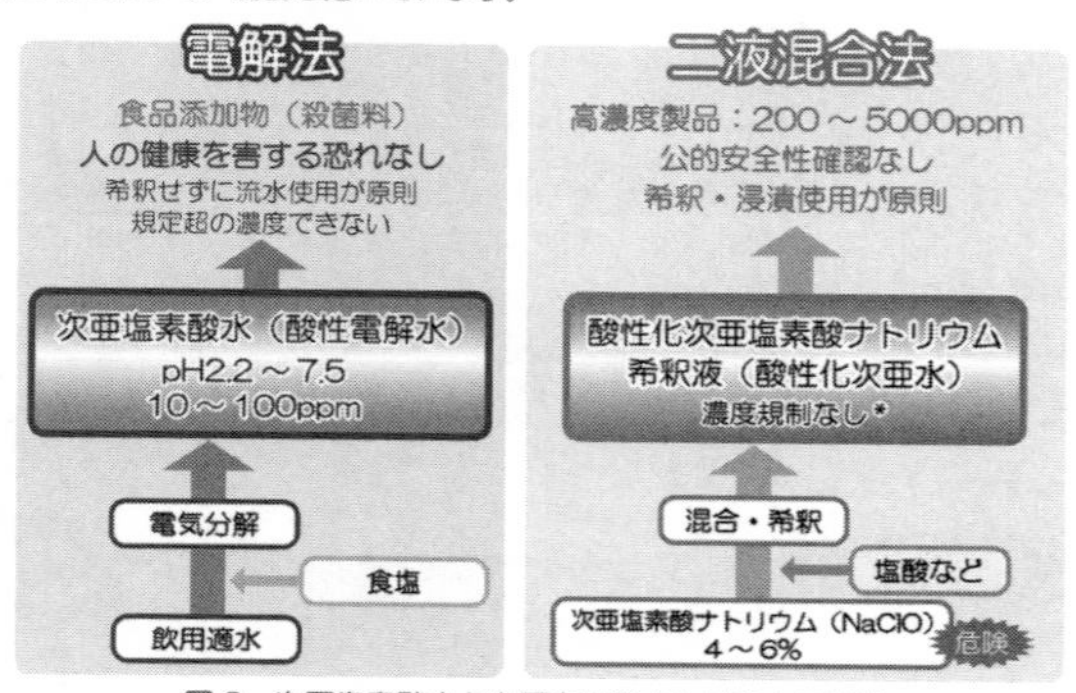

図 2・次亜塩素酸水と次亜塩素酸ナトリウムの比較

次亜塩素酸水とは③

専用の装置で 電気分解 することによって得られる食品添加物（殺菌料）として安全を保障されている 次亜塩素酸水 に対して、化合物を混和して生成した水溶液（二液混合法など）は、もともと危険性の高い成分の pH を調整したり、薄めたりして次亜塩素酸を生成して 次亜塩素酸水 に近づけただけのもので、決して安全ではありません。肺肺炎、結膜炎が報告され、細胞障害が確認されており、人体に使用するのはとても危険です。

電解法によって、	⟷	混合法によって、
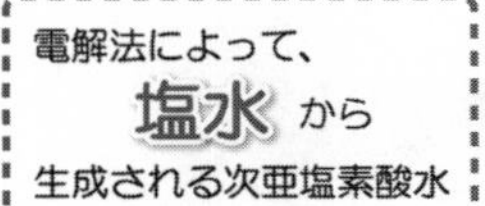 から		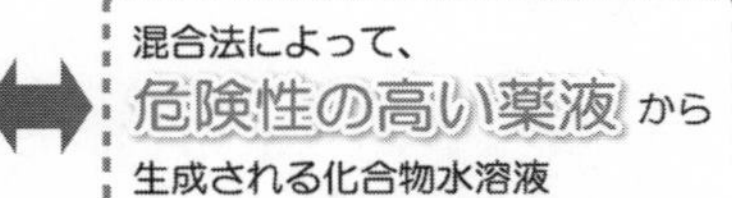 から
生成される次亜塩素酸水		生成される化合物水溶液

どちらが、より健康被害がなく安全か一目瞭然ですよね。

原材料に使用されている化学成分を必ず確認してください

化合物を混和して生成した水溶液は、水溶液中で化学反応が生じていると考えられるため、添加物製剤には該当せず、もちろん食品添加物（殺菌料）の「次亜塩素酸水」としての販売は認められていません。

■食品添加物（殺菌料）ではない化合物水溶液の例

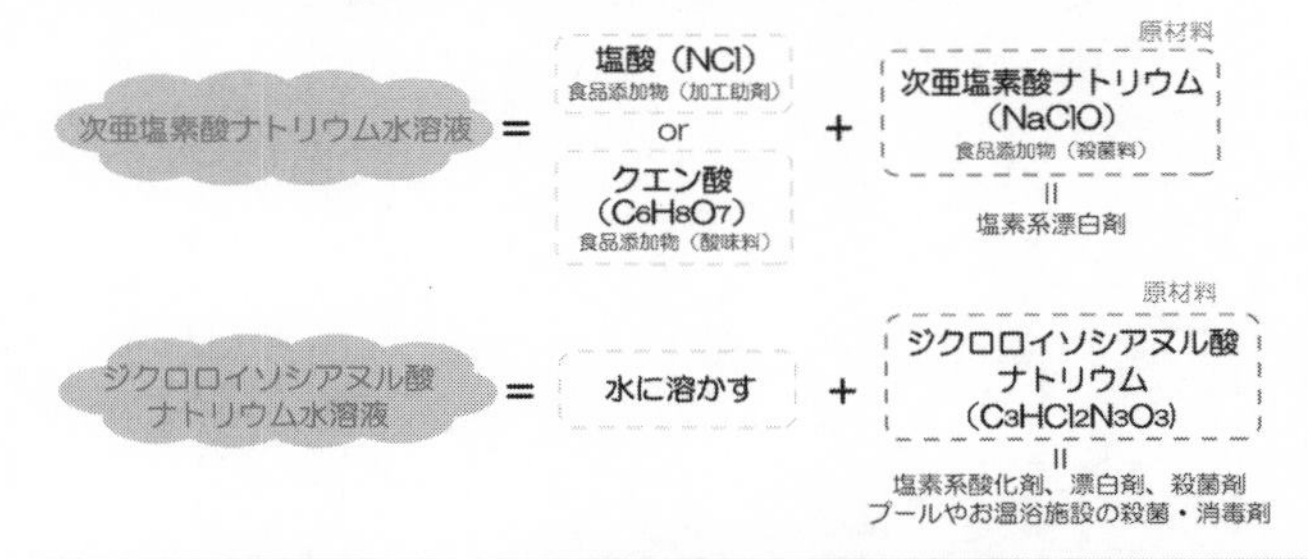

人の体にとってより安全なものを

最新の検証試験によって、これらの化合物水溶液は、除菌試験に際して、細胞障害が認められました。人や動物などに直接使用したり、噴霧したりすると身体の細胞に悪影響を及ぼすということです。使用材料や製造方法など、正確な情報を確認してください。

次亜塩素酸水とは④

■クリーン・リフレの安全性

専用の装置クリーン・ファインで **電気分解** することによって得られるアクトの **クリーン・リフレ** は水質について検査を行った結果、水道法の水質基準に適合していることが報告されています。つまり、人体に悪影響を与えることなく、殺菌や、空間噴霧を安心して行えるということです。

水質検査結果報告書

No. A1911548 - 001
2020 年 1 月 28 日

株式会社 アクト　様

依頼者	株式会社 アクト　北海道帯広市大通南16丁目2番地2 アクトビルディング5F
採水日時	2020 年 1 月 14 日　(11時00分)　受付年月日 2020 年 1 月 16 日　種別 電解水
採水場所名（水道名等）	アクトビルディング　電解装置
採水者	(所属) 株式会社 アクト
天候	前日 晴　当日 晴　採水時の温度　気温 4.6 ℃　水温 7 ℃

貴依頼の試料についての検査の結果を次のとおり報告します。

検査項目	単位	検査結果	水質基準	検査項目	単位	検査結果	水質基準
一般細菌	CFU/ml	1	100 以下	トリクロロ酢酸	mg/L	0.003	0.03 以下
大腸菌	—	不検出	検出されないこと	ブロモジクロロメタン	mg/L	0.001	0.03 以下
カドミウム及びその化合物	mg/L	0.0003 未満	0.003 以下	ブロモホルム	mg/L	0.001 未満	0.09 以下
水銀及びその化合物	mg/L	0.00005 未満	0.0005 以下	ホルムアルデヒド	mg/L	0.008 未満	0.08 以下
セレン及びその化合物	mg/L	0.001 未満	0.01 以下	亜鉛及びその化合物	mg/L	0.011	1.0 以下
鉛及びその化合物	mg/L	0.001 未満	0.01 以下	アルミニウム及びその化合物	mg/L	0.005 未満	0.2 以下
ヒ素及びその化合物	mg/L	0.001 未満	0.01 以下	鉄及びその化合物	mg/L	0.005 未満	0.3 以下
六価クロム化合物	mg/L	0.002 未満	0.05 以下	銅及びその化合物	mg/L	0.005 未満	1.0 以下
亜硝酸態窒素	mg/L	0.004 未満	0.04 以下	ナトリウム及びその化合物	mg/L	40	200 以下
シアン化物イオン及び塩化シアン	mg/L	0.001 未満	0.01 以下	マンガン及びその化合物	mg/L	0.005 未満	0.05 以下
硝酸態窒素及び亜硝酸態窒素	mg/L	2.2	10 以下	塩化物イオン	mg/L	83	200 以下
フッ素及びその化合物	mg/L	0.05 未満	0.8 以下	カルシウム、マグネシウム等(硬度)	mg/L	8	300 以下
ホウ素及びその化合物	mg/L	0.1 未満	1.0 以下	蒸発残留物	mg/L	170	500 以下
四塩化炭素	mg/L	0.0002 未満	0.002 以下	陰イオン界面活性剤	mg/L	0.02 未満	0.2 以下
1,4-ジオキサン	mg/L	0.005 未満	0.05 以下	ジェオスミン	mg/L	0.000001未満	0.00001以下
※1,2-ジクロロエチレン	mg/L	0.001 未満	0.04 以下	2-メチルイソボルネオール	mg/L	0.000001未満	0.00001以下
ジクロロメタン	mg/L	0.001 未満	0.02 以下	非イオン界面活性剤	mg/L	0.002 未満	0.02 以下
テトラクロロエチレン	mg/L	0.001 未満	0.01 以下	フェノール類	mg/L	0.0005 未満	0.005 以下
トリクロロエチレン	mg/L	0.001 未満	0.01 以下	有機物（全有機炭素（TOC）の量）	mg/L	0.3 未満	3 以下
ベンゼン	mg/L	0.001 未満	0.01 以下	pH値	—	6.2	5.8以上8.6以下
塩素酸	mg/L	0.05 未満	0.6 以下	味	—	異常なし	異常でないこと
クロロ酢酸	mg/L	0.002 未満	0.02 以下	臭気	—	異常なし	異常でないこと
クロロホルム	mg/L	0.005	0.06 以下	色度	度	0.5 未満	5 以下
ジクロロ酢酸	mg/L	0.003	0.03 以下	濁度	度	0.1 未満	2 以下
ジブロモクロロメタン	mg/L	0.001 未満	0.1 以下			ー以下余白ー	
臭素酸	mg/L	0.001 未満	0.01 以下				
総トリハロメタン	mg/L	0.006	0.1 以下				

判定	上記検査項目については、水道法の水質基準に適合しています。
備考	検査結果欄に未満と表示されている数値は定量下限値を示します。
検査期日	2020 年 1 月 16 日　〜　2020 年 1 月 27 日
検査機関	検査責任者
検査の方法	平成15年厚生労働省告示第261号

「※1,2-ジクロロエチレン」は「シス-1,2-ジクロロエチレン及びトランス-1,2-ジクロロエチレン」の略称です。

アクトでは、人や動物に決して害がなく安全なもの
そして、環境にも優しいものしか取り扱いません！

次亜塩素酸水生成装置の種類

食品添加物（殺菌料）である「次亜塩素酸水」は専用の装置から電気分解によって生成しなければなりません。ではその「次亜塩素酸水」の生成装置とは一体どのような装置なのでしょうか？

■「次亜塩素酸水」生成装置の種類は３つ

「次亜塩素酸水」の生成装置は、生成構造が３種類あります。

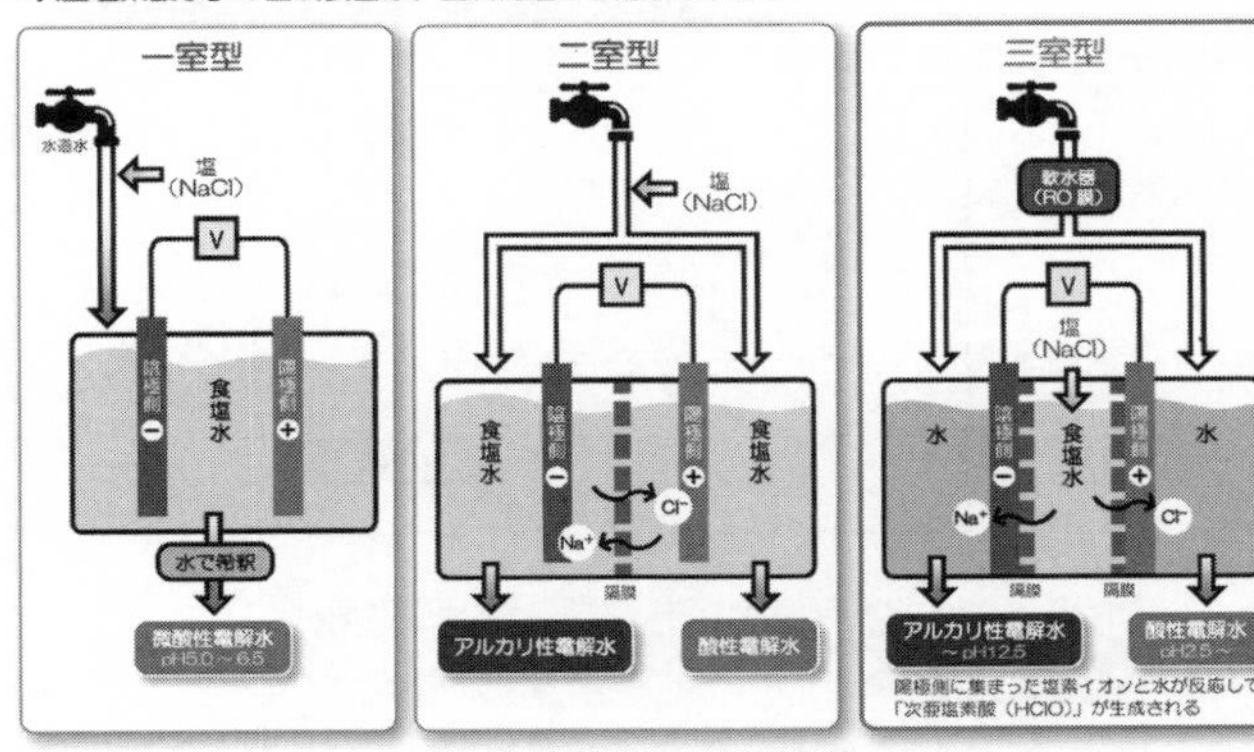

図３・次亜塩素酸水生成装置の種類

一室型 は食塩水（NaCl 水溶液）を原水として 電気分解 行い、それを水で希釈するため、生成された 次亜塩素酸水 はpHも有効塩素濃度も低く、除菌に適した濃度がすぐになくなってしまいます。

二室型 もまた食塩水（NaCl 水溶液）を原水として 電気分解 を行いますが、pHも有効塩素濃度も高く塩素ガス発生の可能性などがあり、環境や錆などに対しても問題があるとされています。

アクトの 次亜塩素酸水 は 三室型 の生成装置 クリーン・ファインから生成されています。

三室型 は水と食塩水（NaCl 水溶液）を部屋を分けて 電気分解 するため食塩の含有量も極めて少なく、不純物がほとんど含まれていないため、高い除菌力を持ちながら、塩素ガス発生の危険性がなく、錆などの心配もありません。また、不純物が少ないということで、長持ちするという特徴があります。

紫外線や刺激に弱い

「次亜塩素酸水」は紫外線に当たったり、刺激を与えられると、効果が減少し、水に戻ってしまいます。保管する際は、かならず冷暗所で保管して、製品に表示されている注意事項を守って保管してください。
このことにより、長期間にわたって、保管することが可能になります。

■三室型「次亜塩素酸水」は安全なのに有効

三室型 の生成装置から生成される 次亜塩素酸水 は、食塩の含有量が極めて少なく、不純物がほとんど含まれていないため、長持ちするということをお話しました。

図5にあるように、有塩型の生成器から生成される 次亜塩素酸水 は30日で有効塩素濃度がなくなってしまいます。特に 一室型 から生成された 次亜塩素酸水 は生成時には既に有効塩素濃度が低く、持続性もないためほんの数時間で無くなってしまいます。

三室型 から生成された 次亜塩素酸水 は同じく30日経った後でも、有効塩素濃度が約8％しか下がらないことが分かりました。

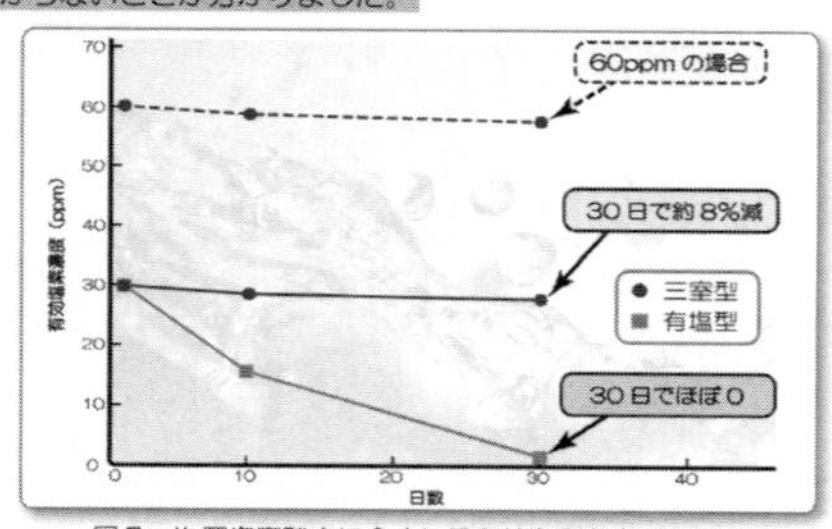

図5・次亜塩素酸水に含まれる有効塩素濃度の変化率

また、次亜塩素酸水 の除菌根拠である 次亜塩素酸 の存在比率が、一室型 や 二室型 の 次亜塩素酸水 よりも高く、そして持続していることが分かります。この存在比率が「塩素」に変換される数値を超えても、塩分の濃度自体はほとんどないため、塩素ガスが発生することがありません。

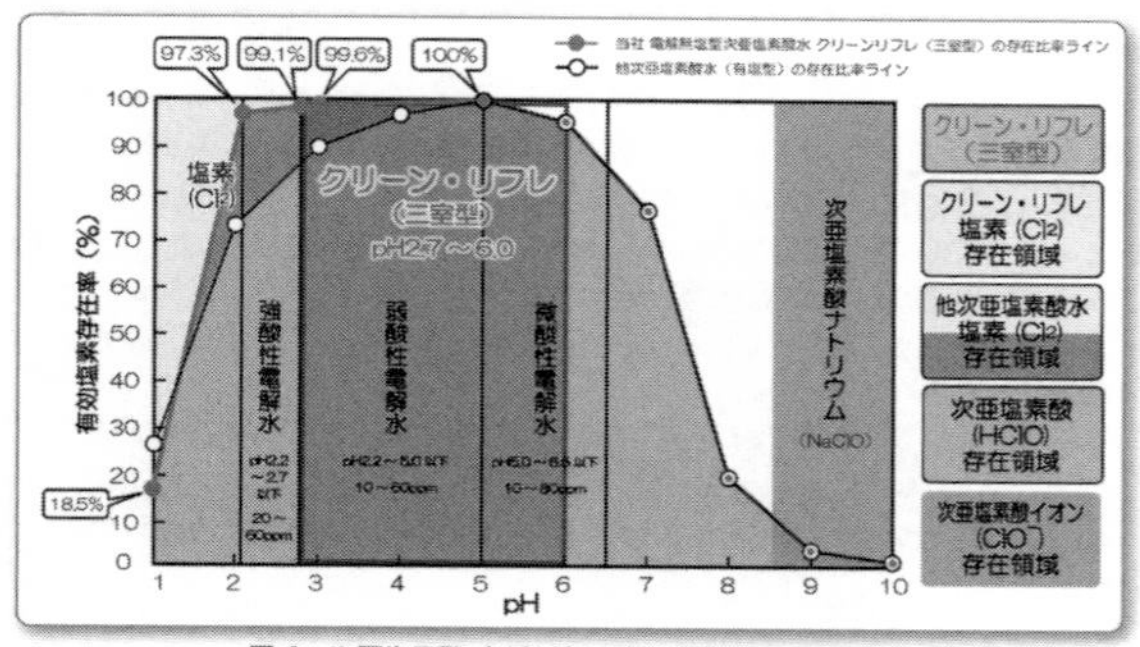

図6・次亜塩素酸（HClO）の存在比率の pH 依存性

クリーン・リフレの効果

アクトは、「次亜塩素酸水」であるクリーン・リフレの効果について、皆さんに安心してご使用いただくために、各種大学や研究機関と連携し、様々な試験を行っています。

■除菌試験による効果

表１の通り、電解無塩型次亜塩素酸水は、ほとんどの菌に効果があることが、すでに確かめられています。

グラム陽性菌	黄色ブドウ球菌	◎
グラム陽性菌	MRSA	◎
グラム陽性菌	セレウス菌	○
グラム陽性菌	結核菌	○
グラム陰性菌	サルモネラ菌	◎
グラム陰性菌	腸炎ビブリオ菌	◎
グラム陰性菌	腸管出血性大腸菌	◎
グラム陰性菌	カンピロバクター菌	◎
グラム陰性菌	緑膿菌	◎
グラム陰性菌	その他のグラム陰性病原菌	◎
ウイルス	ノロウイルス	◎
ウイルス	インフルエンザウイルス	◎
ウイルス	ヘルペスウイルス	◎
真菌	カンジダ	◎
真菌	黒カビ	○
真菌	青カビ	○

※各論文より抜粋

アクト試験済	トリコフィトン	○
アクト試験済	黒コウジカビ	○
アクト試験済	薬剤耐性菌	◎
アクト試験済	A型インフルエンザウイルス	◎
アクト試験済	ヘパドナウイルス	◎
アクト試験済	ネコカルシウイルス	◎
アクト試験済	有芽胞菌（枯草菌）	○
アクト試験済	牛鼻炎Bウイルス（BRBV）	◎
アクト試験済	牛アデノウイルス7型（BAdBh7）	◎
アクト試験済	リステリア菌	◎

アクト試験済	豚熱（CSF）（旧 豚コレラ）	◎
アクト試験済	アフリカ豚熱（ASF）（旧 アフリカ豚コレラ）	◎
アクト試験済	ヨーネ菌	◎
アクト試験済	フラボバクテリウム	◎
アクト試験済	豚流行性下痢（PED）	◎
アクト試験済	口蹄疫ウイルス（ピコルナウイルス科アフトウイルス属）	◎
アクト試験済	N5N1 亜型高病原性鳥インフルエンザウイルス	◎
アクト試験済	N9N2 低病原性鳥インフルエンザウイルス	◎
アクト試験済	新型コロナウイルス（SARS-CoV2）	◎

※アクトの試験機関への依頼による試験結果　◎：10秒で効果　○：３～５分で効果　（◎）：試験中

表１・次亜塩素酸水の除菌試験での効果

実際に、ノロウイルスの類似菌であるネコカリシウイルスに対する菌の減少試験（図７）では、次亜塩素酸ナトリウム（NaClO）が1000ppmでやっと感染価が検出以下になったのに対して、次亜塩素酸水は、20ppm、40ppmでも除菌できていることが分かります。

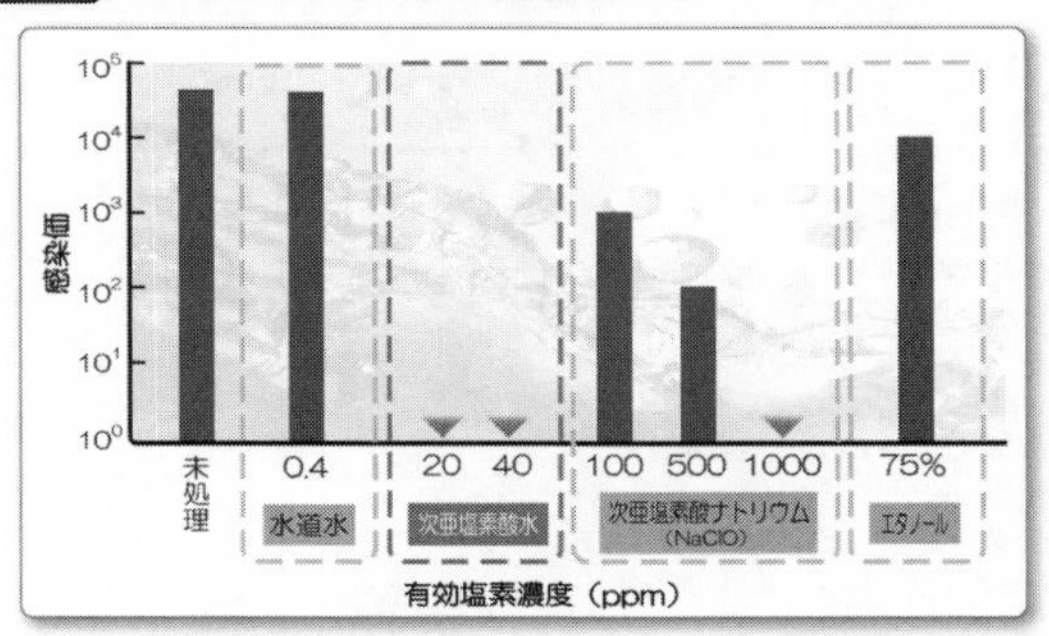

図７・ノロウイルス（ネコカリシウイルス）の感染価減少試験

次亜塩素酸水の効果②

■大学との連携

農業施設専門メーカーであるアクトが、元々は農業分野で活用していた

電解無塩型次亜塩素酸水 であるクリーン・リフレが、様々な状況で、どのように効果を示すか各種試験を行い、世の中で幅広く活用していただくために、大学と提携して研究結果をたくさん発表しています。

口蹄疫ウイルス

口蹄疫とは、家畜伝染病予防法において法定伝染病に指定されている、急性熱性伝染病です。牛、豚、羊などの蹄を持つ動物が感染する病気で感染率が高いため、感染が確認されると、感染を広げさせないために殺処分されます。

この口蹄疫への除菌効果試験を帯広畜産大学と共同で発表しました。

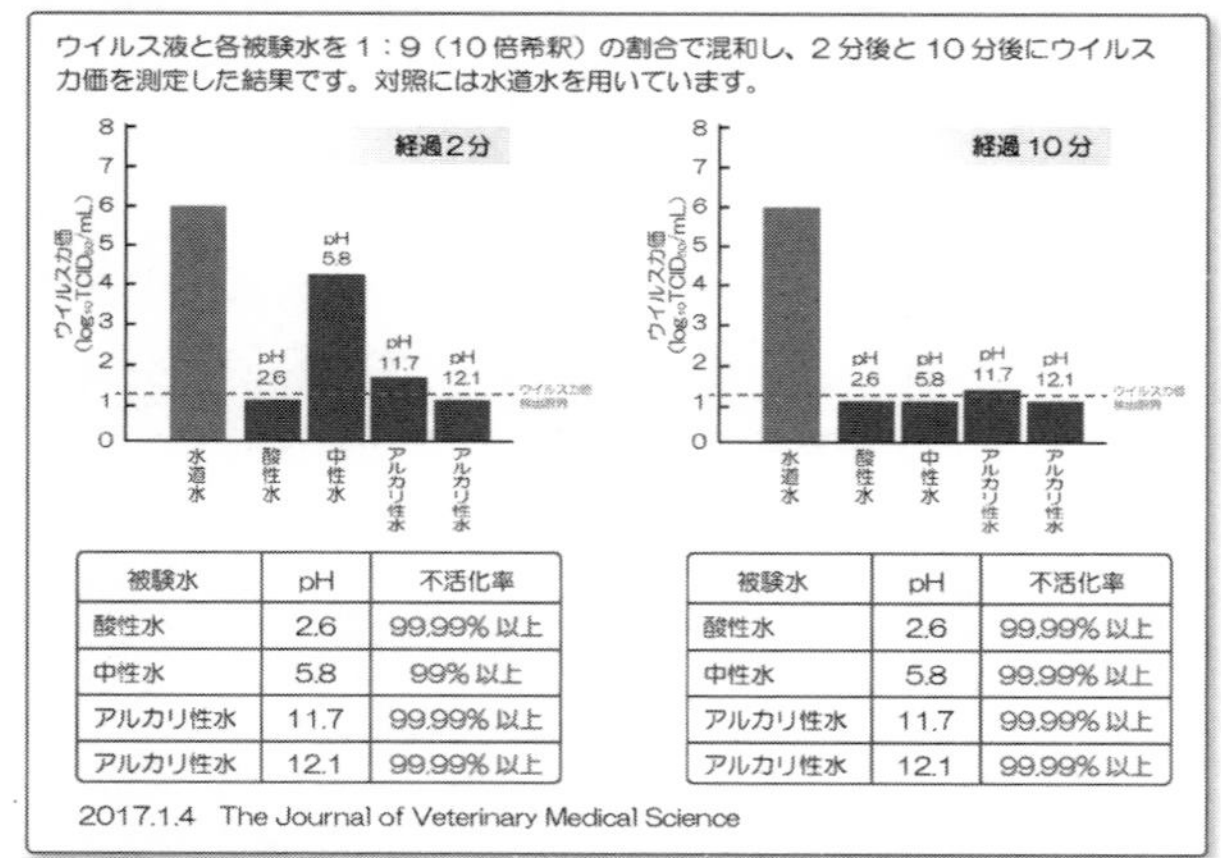

ウイルス液と各被験水を1：9（10倍希釈）の割合で混和し、2分後と10分後にウイルス力価を測定した結果です。対照には水道水を用いています。

被験水	pH	不活化率
酸性水	2.6	99.99% 以上
中性水	5.8	99% 以上
アルカリ性水	11.7	99.99% 以上
アルカリ性水	12.1	99.99% 以上

被験水	pH	不活化率
酸性水	2.6	99.99% 以上
中性水	5.8	99.99% 以上
アルカリ性水	11.7	99.99% 以上
アルカリ性水	12.1	99.99% 以上

2017.1.4 The Journal of Veterinary Medical Science

鳥インフルエンザウイルス

鳥インフルエンザ（H5N1）は鳥類に感染して起きる感染症です。上記の口蹄疫と同様、法定伝染病に指定されていて、感染が確認されると殺処分対象になる病気です。

この鳥インフルエンザに対しての除菌効果試験も帯広畜産大学と共同で発表しました。

pH2.6以下の酸性水と、pH11.7以上のアルカリ性水が菌に対して強い除菌効果を示しました。

被験水 クリーン・リフレ	pH	経過時間と効能	
		2分	10分
酸性水	2.6	◎	◎
中性水	5.8	○	○
アルカリ性水	11.2	×	×
アルカリ性水	11.7	◎	◎
アルカリ性水	12.1	◎	◎
水道水（対照）	7.5～7.7	×	×

次亜塩素酸水の効果③

ヨーネ菌

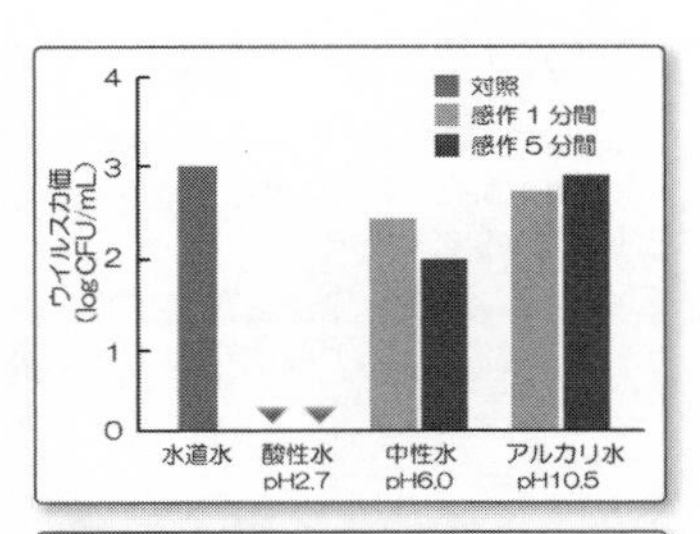

ヨーネ菌は、同じく家畜伝染病予防法において法定伝染病に指定されていて、牛、めん羊、山羊などに感染して慢性の下痢と、乳牛では乳量の低下を起こす伝染病です。法定伝染病の中でも最も発生が多く、経済的被害も大きいのが特徴です。定期的な検査と徹底した消毒を行うことが予防策とされています。

サルモネラ菌

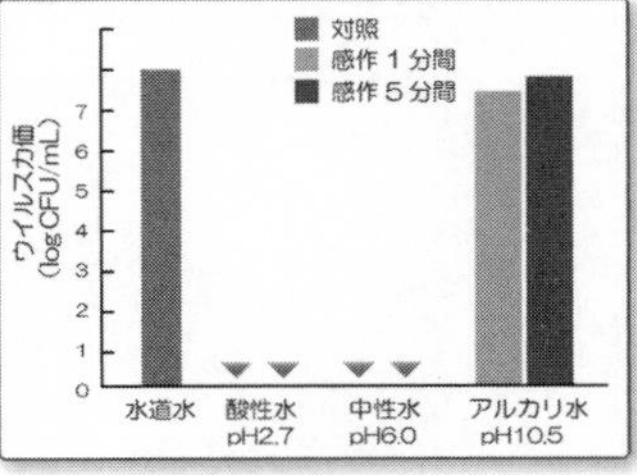

サルモネラ菌は多くの種類の動物に感染して下痢や敗血症を引き起こし死亡します。とても経済的被害が大きい感染症です。家畜伝染病予防法では、特定の種類のサルモネラを原因とした病気を届出伝染病に指定しています。同じく定期的な検査と徹底した消毒を行うことが予防策とされています。

マイコプラズマ

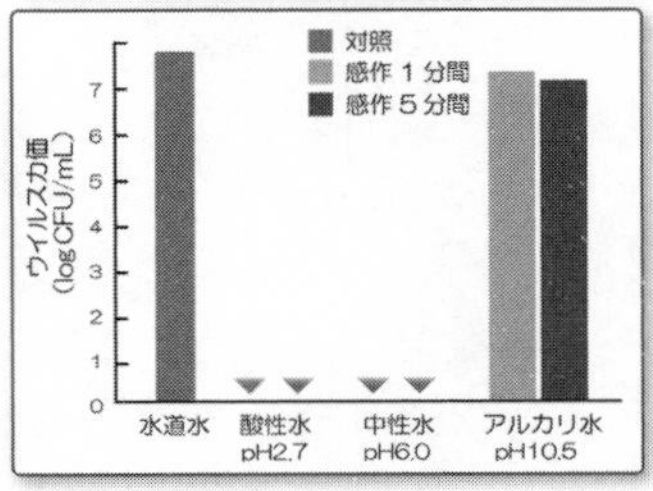

マイコプラズマは人間をはじめ多くの動物に感染することで知られている病原菌です。牛や山羊、羊、豚などが感染をすると、肺炎、中耳炎だけではなく、乳房炎も問題になっています。マイコプラズマ菌は多くの種類があり、薬に対しての耐性を持っていることが多く確認されていて、一度発症すると、治療が困難となることが多くみられます。

大学や研究機関との共同研究によって、ほとんどの家畜伝染病に対する除菌効果の実証を行っています。クリーン・リフレが他の次亜塩素酸水より安全なものであることに加えて、尚且つ除菌効果も高いということをお分かりいただけますでしょうか？

電解無塩型次亜塩素酸水クリーン・リフレに対する正しい情報をより多くの人に知ってもらい、農業や酪農経営を安全に豊かにすることを目指しています。

次亜塩素酸水の効果④

新型コロナウイルス（SARS-CoV-2）

アクトでは、現在世界中で蔓延し、問題となっている新型コロナウイルス（SARS-CoV-2）への除菌試験を、ウイルス流行直後にスタートさせ、公式発表を行いました。

帯広畜産大学の協力のもと、

クリーン・リフレが新型コロナウイルス（SARS-CoV-2）に対して、短時間かつ強力な不活化活性を有する

として、世界論文としての発表も行うことができました。

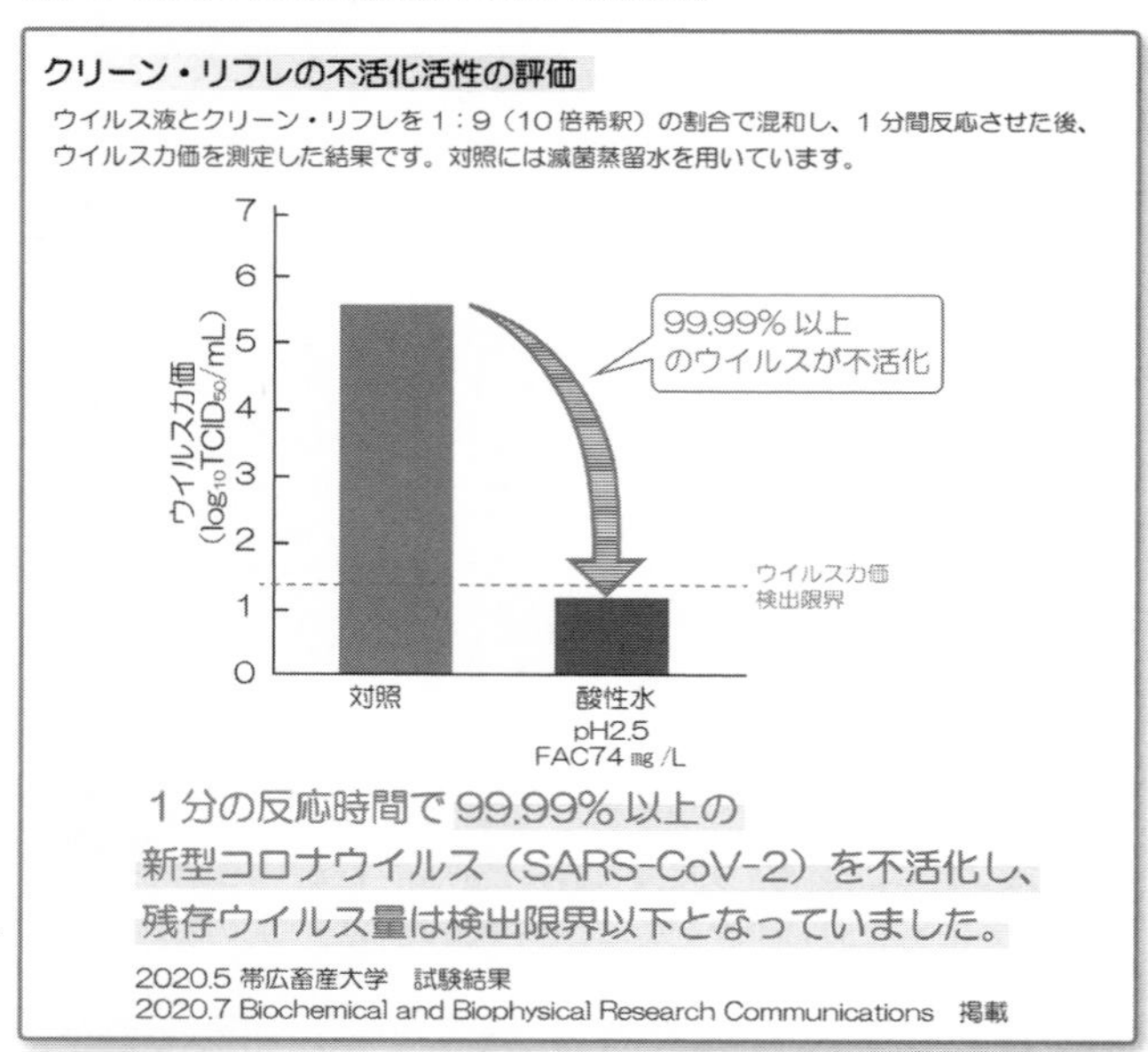

新型コロナウイルスへの除菌については、様々な発表や議論が行われていますが、**何よりも人体や動物などへの悪影響のない、安全性が第一です。**前頁にも説明させていただいた通り、次亜塩素酸水と呼ばれるものはたくさんありますが、**除菌性にも優れていることが証明されていて、安全も確保されているのは、**電解無塩型次亜塩素酸水であるクリーン・リフレだけです。

次亜塩素酸水の効果⑤

■自社での除菌試験

アクトには自社の総合研究所があります。電解無塩型次亜塩素酸水のみならず、様々な研究開発が行われています。そんな総合研究所でも、電解無塩型次亜塩素酸水クリーン・リフレの除菌効果に対する試験をたくさん行っています。

大腸菌除菌試験

大腸菌に各種電解水と蒸留水を接触させた後、設定温度 35℃のインキュベーター（定温装置）で 24 時間培養したところ、強酸性水と中性水は検出限界以下となり、高い除菌力が確認されました。

蒸留水
（電解水未処理）
コロニー数 無数

強酸性電解水
pH2.7
コロニー数 0

中性電解水
pH7.0
コロニー数 0

強アルカリ電解水
pH11.4
コロニー数 無数

靴裏除菌試験

直接クリーン・リフレが供給され、自動で靴裏を洗浄してくれるシステムにおいて、同じ靴の洗浄前と洗浄後の菌の残存について調べました。
設定温度 35℃のインキュベーター（定温装置）で 72 時間培養。洗浄後の靴裏には、ほとんど菌が存在しないことがわかります。

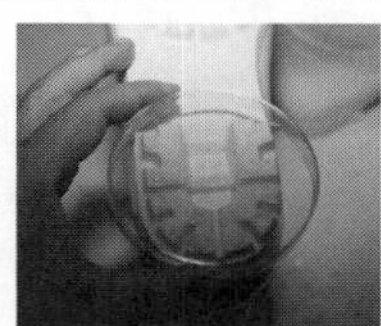

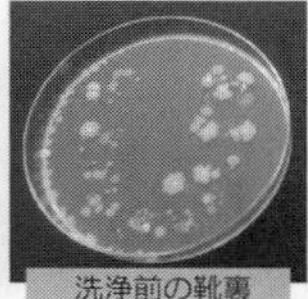

洗浄前の靴裏

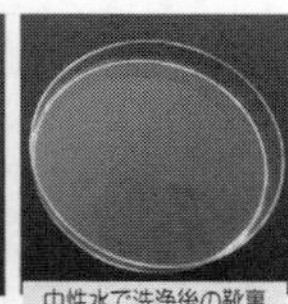

中性水で洗浄後の靴裏

手洗い除菌試験

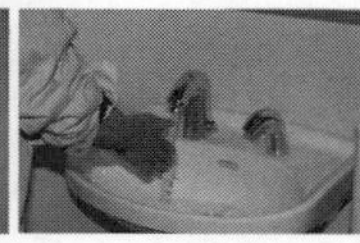

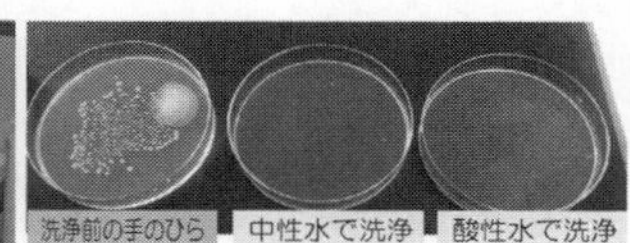

洗浄前の手のひら　中性水で洗浄　酸性水で洗浄

靴裏除菌と同じく、直接クリーン・リフレが供給されている洗面台において、洗浄前の手と洗浄後の手の菌の残存について調べました。
設定温度 35℃のインキュベーター（定温装置）で 72 時間培養。洗浄後の手のひらには、ほとんど菌が存在しないことがわかります。

次亜塩素酸水の効果⑥

空間除菌試験

クリーン・リフレ（中性）を使用した加湿器を設置し、加湿器の稼働前と稼働後に室内空気をエアーサンプラーで採取。

それぞれ３分間吸引後のサンプルを設定温度 37℃のインキュベーター（定温装置）で 72 時間培養しました。

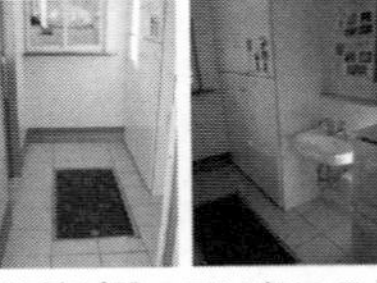

加湿器稼働１分後には、空中の浮遊菌が残っていないことがわかります。

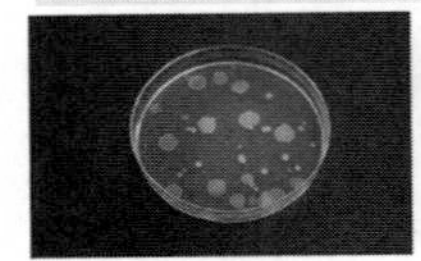

加湿器稼働前
気温：25℃　湿度：28%

加湿器稼働後１分
気温：24℃　湿度：85%

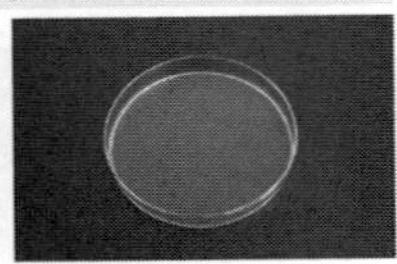

加湿器稼働後２分
気温：24℃　湿度：85%

衣服除菌試験

空間除菌試験と並行して、クリーン・リフレ（中性）を使用した加湿器の稼働前と 30 分稼働後の衣服に付着した菌をそれぞれ採取して、設定温度 37℃のインキュベーター（定温装置）で 72 時間培養しました。

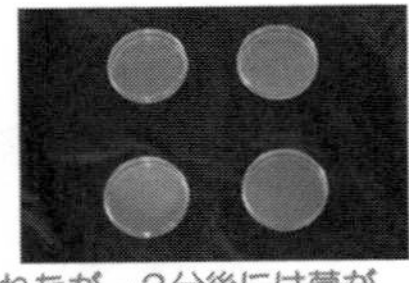

加湿器稼働１分後には、数個のコロニーが確認されたが、２分後には菌が残っていないことがわかります。

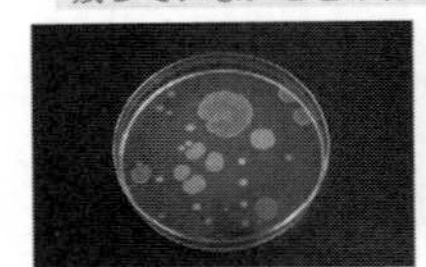

加湿器稼働前
気温：25℃　湿度：28%

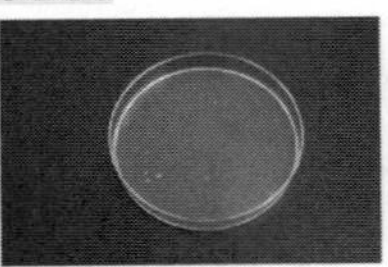

加湿器稼働後１分
気温：24℃　湿度：85%

加湿器稼働後２分
気温：24℃　湿度：85%

クリーン・リフレは空間除菌でも、確実に除菌効果があることが確かめられています。

また、酸性水のみならず、中性水でも十分に除菌することが可能です。

前頁でもご紹介したとおり、クリーン・リフレの中性水は水道法の水質基準をクリアしています。空間除菌し続けても、人の体に悪影響なく除菌できます。

電解無塩型次亜塩素酸水の急性経口毒性試験についての結果

体の中に入れても安全であることが証明

第 20064473001-0101 号　page 2/5

雌ラットを用いる急性経口毒性試験

要　　約

電解無塩型 次亜塩素酸水（クリーン・リフレ）を検体として，雌ラットを用いる急性経口毒性試験（限度試験）を行った。

2000 mg/kgの用量の検体を雌ラットに単回経口投与し，14日間観察を行った。その結果，観察期間中に異常及び死亡例は認められなかった。

以上のことから，ラットを用いる単回経口投与において，検体のLD50値は，雌では2000 mg/kgを超えるものと評価された。

一般財団法人
日本食品分析センター

※一般社団法人日本食品分析センター調べ

クリーン・リフレのウイルス不活化試験についての結果①

第 20065901001-0101 号　page 1/4
2020 年 12 月 08 日

試 験 報 告 書

依 頼 者　　株式会社　フタバ化学

検　　体　　クリーンリフレ(製造日20200928)

表　　題　　ウイルス不活化試験

2020 年 08 月 27 日当センターに提出された上記検体について試験した結果をご報告いたします。

一般財団法人
日本食品分析センター

※株式会社フタバ化学はクリーン・リフレ製造工場であり、株式会社アクト（クリーン・リフレ本部）／株式会社武蔵野（合同本部）承認企業。

クリーン・リフレのウイルス不活化試験についての結果②

第 20065901001-0101 号　page 2/4

ウイルス不活化試験

1　依 頼 者

株式会社　フタバ化学

2　検　　体

クリーンリフレ(製造日20200928)

3　試験概要

検体又は検体を用いて調製した試料液にネコカリシウイルス，アデノウイルス，ヒトヘルペスウイルス又はインフルエンザウイルスのウイルス液を添加，混合し(以下「作用液」という。)，所定時間後に作用液中のウイルス感染価を測定した。また，あらかじめ予備試験を行い，ウイルス感染価の測定方法について検討した。

なお，ネコカリシウイルスは，細胞培養が困難なノロウイルスの代替ウイルスとして広く使用されている。

4　試験結果

1)　予備試験(中和条件の確認)

細胞維持培地で作用液を希釈することにより，検体の影響を受けずにウイルス感染価が測定できることを確認した。

2)　ウイルス感染価の測定

結果を表-1に示した。また，使用細胞及び培地を表-2，試験条件を表-3に示した。

一般財団法人
日本食品分析センター

クリーン・リフレのウイルス不活化試験についての結果③

第 20065901001-0101 号　page 3/4

表-1　作用液のウイルス感染価測定結果

試験ウイルス	対象	希釈	log TCID$_{50}$/mL			
			開始時	1分後	5分後	15分後
ネコカリシウイルス*	検体	—	—	<1.5	<1.5	<1.5
		3倍	—	<1.5	<1.5	<1.5
	対照(精製水)	—	6.7	—	—	6.3
アデノウイルス	検体	—	—	<1.5	<1.5	<1.5
		3倍	—	<1.5	<1.5	<1.5
	対照(精製水)	—	6.5	—	—	5.7
ヒトヘルペスウイルス	検体	—	—	<1.5	<1.5	<1.5
		3倍	—	<1.5	<1.5	<1.5
	対照(精製水)	—	3.7	—	—	3.5
インフルエンザウイルス	検体	—	—	<1.5	<1.5	<1.5
		3倍	—	<1.5	<1.5	<1.5
	対照(精製水)	—	6.5	—	—	6.3

TCID$_{50}$：median tissue culture infectious dose, 50 %組織培養感染量

作用温度：室温

ウイルス液：培養液を精製水で10倍に希釈

<1.5：検出せず

試験実施日：2020年10月16日(ネコカリシウイルス, ヒトヘルペスウイルス及び
　　　　　　インフルエンザウイルス)及び2020年10月22日(アデノウイルス)

＊　ノロウイルスの代替ウイルス

一般財団法人
日本食品分析センター

クリーン・リフレのウイルス不活化試験についての結果④

第 20065901001-0101 号　page 4/4

表-2　使用細胞及び培地

使用細胞	ネコカリシウイルス：CRFK細胞［大日本製薬株式会社］ アデノウイルス及びヒトヘルペスウイルス： HEp-2細胞 HEp-2 03-108［大日本製薬株式会社］ インフルエンザウイルス：MDCK(NBL-2)細胞 JCRB 9029株
細胞増殖培地	10 %牛胎仔血清加イーグルMEM培地「ニッスイ」①［日水製薬株式会社］
細胞維持培地	ネコカリシウイルス，アデノウイルス及びヒトヘルペスウイルス： 2 %牛胎仔血清加イーグルMEM培地「ニッスイ」① インフルエンザウイルス： イーグルMEM培地「ニッスイ」①　1000 mL 10 %$NaHCO_3$　14 mL L-グルタミン(30 g/L)　9.8 mL 100×MEM用ビタミン液　30 mL 10 %アルブミン　20 mL 0.25 %トリプシン　20 mL

表-3　試験条件

試験ウイルス	*Feline calicivirus* F-9 ATCC VR-782(ネコカリシウイルス) *Human adenovirus* 5 adenoid 75 ATCC VR-5(アデノウイルス) *Human herpesvirus* 1 KOS ATCC VR-1493(ヒトヘルペスウイルス) *Influenza A virus* (H1N1) A/PR/8/34 ATCC VR-1469 (インフルエンザウイルス)
ウイルス液	細胞培養後のウイルス培養液を遠心分離して得られた上澄み液を精製水で10倍希釈
試料液	検体を精製水で3倍希釈
作用液	検体又は試料液1 mLにウイルス液0.1 mLを添加
作用条件	1分，5分，15分(室温)
中和条件	細胞維持培地で10倍希釈
対照	精製水
感染価測定方法	$TCID_{50}$法

以　上

一般財団法人
日本食品分析センター

ＢＢＲＣジャーナルに掲載された、新型コロナウイルスに対するクリーン・リフレの効果についての論文（抜粋）①

Biochemical and Biophysical Research Communications

Volume 530, Issue 1, 10 September 2020, Pages 1-3

Acidic electrolyzed water potently inactivates SARS-CoV-2 depending on the amount of free available chlorine contacting with the virus

Yohei Takeda [a], Hiroshi Uchiumi [b], Sachiko Matsuda [c], Haruko Ogawa [c]

[a] Research Center for Global Agromedicine, Obihiro University of Agriculture and Veterinary Medicine, 2-11 Inada, Obihiro, Hokkaido, 080-8555, Japan

[b] ACT Corporation, 16 Chome 2-2, Odori, Obihiro, Hokkaido, 00-0010, Japan

[c] Department of Veterinary Medicine, Obihiro University of Agriculture and Veterinary Medicine, 2-11 Inada, Obihiro, Hokkaido, 080-8555, Japan

Received 8 July 2020, Accepted 8 July 2020, Available online 14 July 2020.

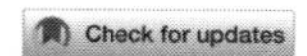

Show less

+ Add to Mendeley Share Cite

https://doi.org/10.1016/j.bbrc.2020.07.029 Get rights and content

Highlights

- Acidic electrolyzed water (EW) shows virucidal activity against SARS-CoV-2.
- Virucidal activity of acidic EW depends on free available chlorine (FAC).
- Acidic solution without FAC does not inactivate SARS-CoV-2 in a 1-min reaction.
- Large amounts of FAC are required to inactivate virus containing many proteins.

ＢＢＲＣジャーナルに掲載された、新型コロナウイルスに対するクリーン・リフレの効果についての論文（抜粋）②

Abstract

Alcohol-based disinfectant shortage is a serious concern in the severe acute respiratory syndrome coronavirus 2 (SARS-CoV-2) pandemic. Acidic electrolyzed water (EW) with a high concentration of free available chlorine (FAC) shows strong antimicrobial activity against bacteria, fungi, and viruses. Here, we assessed the SARS-CoV-2-inactivating efficacy of acidic EW for use as an alternative disinfectant. The quick virucidal effect of acidic EW depended on the concentrations of contained-FAC. The effect completely disappeared in acidic EW in which FAC was lost owing to long-time storage after generation. In addition, the virucidal activity increased proportionately with the volume of acidic EW mixed with the virus solution when the FAC concentration in EW was same. These findings suggest that the virucidal activity of acidic EW against SARS-CoV-2 depends on the amount of FAC contacting the virus.

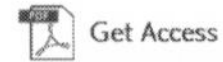 Get Access

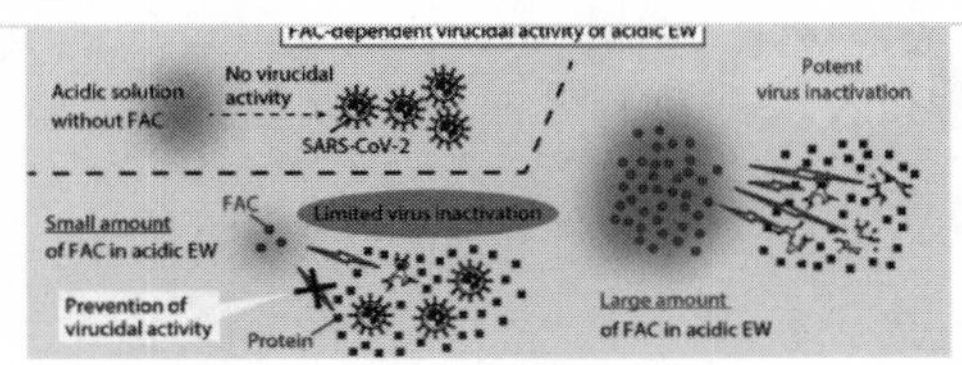

Download : Download high-res image (438KB)
Download : Download full-size image

●論文全文

おわりに

一歩先を見つめ、社会課題の解決に貢献する

いろいろな除菌用商品が販売される中で、たしかな効果と安全性が「科学的」に認められたものをお届けするのが、アクトの使命です。

アクトのクリーン・リフレ（電解無塩型次亜塩素酸水）は、私が二兎を追ったからこそ実現した「安全性」と「有効性」を両立する除菌水です。

クリーン・リフレは、「次亜塩素酸水」の中でも、

「三室型による生成」

「厚生労働省が認めた食品添加物」

「口に入っても安全」

「空間噴霧が可能」

など、すぐれた特長と特徴を持っています。

しかしそれでも、「まだまだ、100点ではない」というのが私の実感です。

なぜなら、クリーン・リフレには、多くの可能性が残されているからです。


【クリーン・リフレの可能性】

・家庭でクリーン・リフレを生成できる「家庭用小型クリーン・ファイン」の開発

クリーン・ファインは、クリーン・リフレを生成する装置です。クリーン・ファインを小型化できれば、家庭でクリーン・リフレをつくることも可能です。

・大規模施設を空間除菌できる「大型クリーン・ファイン」の開発

クリーン・ファインを大型化して、生成量をこれまでの10倍、20倍、50倍と増やすことができれば、飛行場やターミナル駅など「大規模で、大人数が集まる施設」の空間除菌が可能です。

・食品工場など、生産現場での展開

二室型の次亜塩素酸水の製造装置の場合、サビなどの問題があって空間噴霧に適していません。三室型の次亜塩素酸水であれば「無塩」なので、機械や作業着を除菌することできます。たとえば、蛇口から「クリーン・リフレ」が出る装置があれば、工場をまるごと除菌することも可能です。

・クリーン・リフレの海外展開

新興国・開発途上国では、急速な経済成長により、工場排水や生活排水の放流にともなって、水質汚濁や生態系の破壊など、深刻な影響が生じています。こうした問題を解決する方策のひとつが、アクトの水処理技術です。

アクトの水処理技術とクリーン・リフレは、海外からの引き合いも多く、今後、本格的な海外展開を計画しています。

アクトではこれからも、

- **「お客様のニーズを敏感に感じ取る力」**
- **「お客様のニーズを解決するアイデア力」**
- **「お客様のニーズを形にする技術力」**

の3つの力を発揮して、「農業（＝食＝命）」を守る商品を世の中に送り出していきます。

そして私は、この先もずっと、「異端児」として「業界の非常識」にチャレンジしていきます。

どれほど困難でも、私は決してあきらめない。

驕らず、腐らず、嘆かず、恨まず、妬まず、愚痴をこぼさず、焦らず、慌てず、プライドと信念を持って仕事に取り組めば、必ず道は開ける。私はそう確信しています。

地球環境保護や健康にかかわるニーズはまだまだたくさんありますから、今後もその一歩先を見つめ、社会課題の解決に貢献していきます。

末筆になりましたが、私たちの商品をご利用くださっているお客様、研究開発にご協力をいただいている各機関の先生方、パートナー企業の皆様に、心より御礼申し上げます。まことにありがとうございます。また、本書に推薦の言葉を寄せてくださったＨＩＣクリニック・平畑徹幸院長、推薦の言葉に加え、いつもさまざまなご指導をいただいている株式会社武蔵野・小山昇社長に心より御礼申し上げます。そして、いつも支えてくれている社員の皆さん、家族の皆に心からの感謝の気持ちを表して、本書を終えたいと思います。

株式会社アクト代表取締役社長　内海　洋

著者紹介

内海 洋（うちうみ・ひろし）

株式会社アクト代表取締役社長。

1958年生まれ。北海道小樽市出身。釧路高専卒業後、北海道ヤンマー等を経て、1997年に有限会社アクト設立、2000年5月より現職。

アクトは、農林水産・食品産業技術振興協会・民間部門農林水産研究開発功績者表彰（2015年）、発明協会・北海道地方発明表彰北海道知事賞（2017年）、経済産業省・第7回ものづくり日本大賞ものづくり地域貢献賞（2018年）など受賞多数。また、2018年には経済産業省・地域未来牽引企業にも選定されている。

●株式会社アクト
http://www.act-hokkaido.com/

「安全」と「除菌」は両立できる
二兎を追うから二兎を得た「クリーン・リフレ」をつくった社長の挑戦　〈検印省略〉

2021年　4　月　26　日　第　1　刷発行

著　者――内海 洋（うちうみ・ひろし）
発行者――佐藤 和夫

発行所――株式会社あさ出版
〒171-0022　東京都豊島区南池袋 2-9-9 第一池袋ホワイトビル 6F
電　話　03 (3983) 3225（販売）
　　　　03 (3983) 3227（編集）
F A X　03 (3983) 3226
U R L　http://www.asa21.com/
E-mail　info@asa21.com
振　替　00160-1-720619

印刷・製本　文唱堂印刷株式会社

facebook　http://www.facebook.com/asapublishing
twitter　http://twitter.com/asapublishing

ISBN978-4-86667-277-9 C2034